U0632596

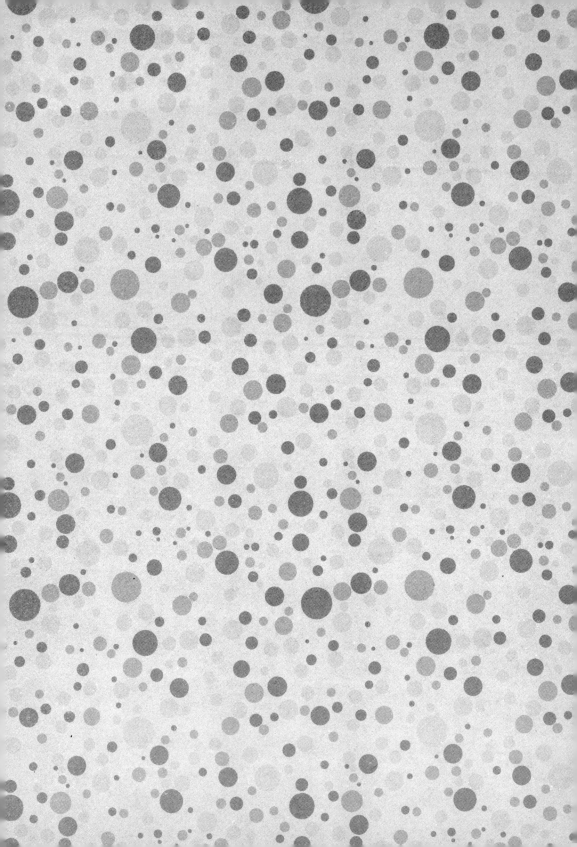

全彩版

石 阳◎编

空中雄鹰
战机

KONGZHONG XIONGYING ZHANJI

探索未知
发现未来

甘肃科学技术出版社

图书在版编目（CIP）数据

空中雄鹰战机/石阳编.—兰州：甘肃科学技术
出版社，2013.4
　　（青少年科学探索第一读物）
ISBN 978-7-5424-1757-2

Ⅰ.①空…Ⅱ.①石…Ⅲ.①军用飞机—世界—青年
读物②军用飞机—世界—少年读物Ⅳ.①E926.3-49

中国版本图书馆 CIP 数据核字 (2013) 第 067326 号

责任编辑　陈学祥（0931-8773274）
封面设计　晴晨工作室
出版发行　甘肃科学技术出版社（兰州市读者大道 568 号　0931-8773237）
印　　刷　北京中振源印务有限公司
开　　本　700mm×1000mm　1/16
印　　张　10
字　　数　153 千
版　　次　2014 年 10 月第 1 版　2014 年 10 月第 2 次印刷
印　　数　1～3000
书　　号　ISBN 978-7-5424-1757-2
定　　价　29.80 元

前　言

　　科学技术是人类文明的标志。每个时代都有自己的新科技，从火药的发明，到指南针的传播，从古代火药兵器的出现，到现代武器在战场上的大展神威，科技的发展使得人类社会飞速的向前发展。虽然随着时光流逝，过去的一些新科技已经略显陈旧，甚至在当代人看来，这些新科技已经变得很落伍，但是，它们在那个时代所做出的贡献也是不可磨灭的。

　　从古至今，人类社会发展和进步，一直都是伴随着科学技术的进步而向前发展的。现代科技的飞速发展，更是为社会生产力发展和人类的文明开辟了更加广阔的空间，科技的进步有力地推动了经济和社会的发展。事实证明，新科技的出现及其产业化发展已经成为当代社会发展的主要动力。阅读一些科普知识，可以拓宽视野、启迪心智、树立志向，对青少年健康成长起到积极向上的引导作用。青少年时期是最具可塑性的时期，让青少年朋友们在这一时期了解一些成长中必备的科学知识和原理是十分必要的，这关乎他们今后的健康成长。

　　科技无处不在，它渗透在生活中的每个领域，从衣食住行，到军事航天。现代科学技术的进步和普及，为人类提供了像广播、电视、电影、录像、网络等传播思想文化的新手段，使精神文明建设有了新的载体。同时，它对于丰富人们的精神生活，更新人们的思想观念，破除迷信等具有重要意义。

　　现代的新科技作为沟通现实与未来的使者，帮助人们不断拓展发展的空间，让人们走向更具活力的新世界。本丛书旨在：让青少年学生在成长中学科学、懂科学、用科学，激发青少年的求知欲，破解在成长中遇到的种种难题，让青少年尽早接触到一些必需的自然科学知识、经济知识、心理学知识等诸多方面。为他们提供人生导航、科学指点等，让他们在轻松阅读中叩开绚烂人生的大门，对于培养青少年的探索钻研精神必将有很大的帮助。

科技不仅为人类创造了巨大的物质财富，更为人类创造了丰厚的精神财富。科技的发展及其创造力，一定还能为人类文明做出更大的贡献。本书针对人类生活、社会发展、文明传承等各个方面有重要影响的科普知识进行了详细的介绍，读者可以通过本书对它们进行简单了解，并通过这些了解，进一步体会到人类不竭而伟大的智慧，并能让自己开启一扇创新和探索的大门，让自己的人生站得更高、走得更远。

本书融技术性、知识性和趣味性于一体，在对科学知识详细介绍的同时，我们还加入了有关它们的发展历程，希望通过对这些趣味知识的了解可以激发读者的学习兴趣和探索精神，从而也能让读者在全面、系统、及时、准确地了解世界的现状及未来发展的同时，让读者爱上科学。

为了使读者能有一个更直观、清晰的阅读体验，本书精选了大量的精美图片作为文字的补充，让读者能够得到一个愉快的阅读体验。本丛书是为广大科学爱好者精心打造的一份厚礼，也是为青少年提供的一套精美的新时代科普拓展读物，是青少年不可多得的一座科普知识馆！

目录 contents

第一章　战斗机

第二章　对地攻击机

第三章　轰炸机

目录

CONTENTS

目录

第四章 军用运输机

第五章 作战支援飞机

目录

CONTENTS

目录

Part 1
战 斗 机

　　战斗机是用于在空中消灭敌机和其他飞航式空袭兵器的军用飞机，第二次世界大战前曾广泛称为驱逐机。战斗机的主要任务是与敌方战斗机进行空战，夺取制空权。现代的先进战斗机多配备各种搜索、瞄准火控设备，能全天候攻击所有空中目标。战斗机具有火力强、速度快、机动性好等特点，是航空兵空中作战的主要机种。

概　述

担任空中格斗或截击任务的作战飞机通称空战战斗机（图1），简称战斗机。在中国，战斗机又被称为歼击机。格斗战斗机要求在空中格斗中胜出，夺取和保持制空权，因而要求机动性能好和空战火力强。截击机的

图1

主要任务是防空，保卫己方领空，歼灭入侵之敌空袭兵器，如侦察机、轰炸机、歼击轰炸机、强击机、巡航导弹等，因此要求其特点是爬升快，航程较远，配备高性能雷达及其他电子设备，可全天候作战，具有下视下射能力。朝鲜战争中，中国年轻的飞行员张积慧，就是在与美机的激烈空战中一举击落美军王牌飞行员戴维斯的战斗机，并将其活捉的。2001年4月中国截击机就是在跟踪、监视美军侦察飞机EP-3E迫其出境的战斗中与之相撞的。当时，美EP-3E不顾中国的强烈反对，我行我素，仍在沿中国东南海岸线作"例行"侦察，我国拦截飞机迫不得已"奉陪"到底。

人类第一次驾驶动力飞机升空并成功飞行，是美国人威尔伯·莱特和奥维尔·莱特兄弟，于1903年12月17日上午10时35分完成的。当时，奥维尔驾驶一架由他们自制的轻质木料为骨架、帆布为蒙皮的双翼螺旋桨飞机（图2），在空中飞行35米，用了12秒钟。莱特兄弟为研制这架飞机

图2

用了 3 年时间，从 1900 年开始，到 1903 年秋这架简陋的动力飞机 "飞行者" 号才试制成功。

活塞式发动机的螺旋桨飞机速度慢，不能在空气稀薄的高空飞行，因而飞行高度受限。此外，螺旋桨叶在机头部位，不利于机载火力的前向发射。到了第二次世界大战，各国相继研究飞机用以飞行的动力装置航空喷气发动机，以获得高速飞行的战斗飞机。1941 年 5 月，英国第一架装有喷气发动机的战斗机 E28 研制成功，但比德国研制成功航空喷气发动机晚了一年半。有了航空喷气发动机，战斗机的飞行高度、速度大幅度提高。美国洛克希德公司制造的 SR-71A 型战略侦察机，于 1976 年 7 月创造了在 25 946 米高度上的平飞速度最高纪录，即每小时 3528 千米，是音速的 3 倍，即 3 马赫数。苏联设计生产的米格 -25 飞机，用特技方式向上冲刺到 36 240 米的最高高度。

从动力飞机问世至今已经过去了一百多年，飞机的发展已经经历了 4 代。目前，各发达国家在役的主战飞机为第四代飞机，如美国的 F-15/16/18，俄罗斯的米格 -29、苏 -27，法国的幻影 2000 等。

第五代战斗机将兼有空战和对地攻击能力，大的瞬时转弯角速度，高超音速 (8 ~ 10M)，采用隐身技术，能短距起降 (便于舰载和非机场跑道起降)，要求航程更远 (尽管通过空中加油目前已能直飞 1 万多千米远) 等。美国的 F-22 和 JSF 被认为是第五代战斗机。

法国 "莫拉纳—桑尼埃" 单座战斗机

在第一次世界大战前期，各国制造的战斗机还不能直接用于空战，最多只是由飞行员相互之间投掷手榴弹（图 3）或用手枪射击。1915 年 2 月的一天，4 架德国侦察机完成任务后正准备返航，一架法国单座飞机向他们飞来，

图3

突然从螺旋桨射出机枪子弹，将其中一架德国飞机击落，这架法国飞机就是"莫拉纳—桑尼埃"单座战斗机，是世界上第一架真正的战斗机。由法国著名特技飞行员罗兰加罗斯率先提出构想，由曾经研究过机枪射击断续器的法国设计师雷蒙·桑尼埃设计。

该机于1913年开始生产，由法国"莫拉纳—桑尼埃"公司制造。乘员1人，动力装置为"土地神"转缸型发动机，动力58.8千瓦。

翼展11米，机长6.8米，机高3.3米，重量655千克。实用升限4000米，最大速度115千米／小时，续航时间2小时30分。

武器为1挺机枪（图4）。该机将机枪安装在座舱前的机关上方，使机枪的弹头穿过螺旋桨旋转面进行射击，枪管与发动机轴平行，并在桨叶上安装了金属滑弹板用来保护，从而解决了机枪子弹通过螺旋桨直接射击

图4

的难题，成为第一种具有空战能力的军用飞机。其驾驶和射击均由飞行员一人独立完成。

该机是活塞式战斗机。

美国 P–51 "野马"战斗机

P–51 "野马"战斗机是第二次世界大战时期设计思想和制造工艺相当完美的战斗机，速度快、机动性好、航程远、火力强，是第二次世界大战时期最著名的战斗机之一。

原型机于 1940 年 10 月首次试飞，1942 年 9 月服役美国空军，英国空军也订购了相当数量的该型机。

P–51 "野马"（图 5）战斗机由美国北美航空公司研制，分 A、B、D

图 5

等多种型号，共计生产 14 000 余架。

其中，P-51D 型乘员 1 人。动力装置为 1 台艾利逊 V-1650-7 发动机，最大功率为 1106 千瓦。

该机翼展 11.28 米，机长 9.83 米，机高 4.20 米，最大起飞重量为 4590 千克。最大升限 12 771 米，最大速度为 703 千米/小时，最大航程为 1530 千米。装备 6 挺 12.7 毫米机枪，可携带 907 千克炸弹。

该机属螺旋桨式战斗机。

德国 Me.163 战斗机

世界上第一架也是唯一的一种火箭动力飞机是德国的梅塞施米特公司研制的 Me.163 战斗机。1941 年春，Me.163 两架原型机先后试飞。同年 10 月 2 日在 5000 米高度作最大推力飞行时速度竟达到 1003.77 千米/小时。这是人类飞行史上首次突破 1000 千米/小时大关。

Me.163 由一个全金属制造的水滴形机身和一副木制的前缘后掠约 27° 的中单翼组成。粗短的机身前圆后尖，前端装有一只发电用的小风车。无框式单座座舱盖与机头背部流线浑然一体。

机载乘员 1 人。动力装置为瓦尔特 109-509A-2 火箭喷气式发动机，推力为 16.66 千牛。

翼展 9.32 米，机长 5.70 米，机高 2.74 米。重量 3950 千克，最大升限为 12 039 米，续航时间为 7 分 30 秒。

主要武器为 2 门 20 毫米口径机炮。Me.163 曾参加过第二次世界大战，击落敌机 6 架。

德国梅塞施米特
Me.262A-1a 战斗机

　　第二次世界大战中军用飞机被广泛的应用，交战各国在竭力增加飞机数量的同时，也在想方设法给飞机更新换代。在二战末期，德国率先制造出世界上第一种喷气式战斗机——梅塞施米特 Me.262A-1a 战斗机（图6），并投入实战。但是由于战争的颓势，这种飞机并没有挽救德国战败的命运。

　　梅塞施米特 Me.262A-1a 战斗机是德国梅塞施米特股份公司于1944年制造的。机载乘员1人。动力装置为2台容克斯"尤莫"004B-1涡轮喷气型发动机，单台推力8.8千牛。

图6

空中雄鹰战机

翼展 12.48 米，机长 10.60 米，机高 3.84 米，重量 6396 千克。实用升限 11 450 米，最大平飞速度 869 千米 / 小时，最大航程 10.50 千米。

武器装备为 4 门 30 毫米机炮。

美国 F-86 "佩刀" 战斗机

F-86 "佩刀" 战斗机（图 7）由美国北美航空股份有限公司研制生产，是美国空军在朝鲜战争中的主力战斗机，也是西方国家使用最多的一种喷气式战斗机，生产总数超过 10 000 架。

图 7

P-86 "佩刀" 战斗机于 1949 年开始装备部队。机载乘员 2 人。动力装置为通用电气 J47-GE-13 涡轮喷气式发动机，单台最大推力为 25 千牛。

该机翼展 11.30 米，机长 11.43 米，机高 4.47 米，最大起飞重量 7419 千克。实用升限 14 720 米，最大平飞速度 964 千米 / 小时，作战半径 745 千米。

机上装有 6 挺 12.7 毫米机枪，可挂 2 枚 454 千克的炸弹或 8 ～ 16 枚火箭。

美国 F-102A
"三角剑"战斗机

美国 F-102A "三角剑"战斗机（图 8）是第一种采用三角翼气动布局的单座趋声速截击机，具有低空拦截和一定的抗干扰能力。原型机 1953 年 10 月 24 日首次试飞，1965 年 5 月开始装备美国空军，1973 年退役。各型机共生产 1100 架。由美国康维尔公司研制。

图 8

该机乘员 1 人。动力装置为 1 台 J57-J-35 涡轮喷气发动机，最大推力为 48.5 千牛，加力推力为 76.4 千牛。

最大平飞速度为 1328 千米/小时（高度 12 200 米），最大巡航速度为 854 千米/小时（海平面）。实用升限为 16 400 米，最大爬升率为 4002 米/分（海平面），作战半径为 800 千米，转场航程为 2175 千米。

翼展为 11.62 米，机长为 20.81 米，机高为 6.46 米，最大起飞重量为 14 400 千克。装备 1 枚 AIM-26A 和 3 枚 AIM-4F 空空导弹，24 枚 70 毫米火箭弹。特种设备主要有 MG-10 火力控制系统，红外搜索跟踪装备，拦截数据计算机，L-10 自动驾驶仪，Apx-6A 敌我识别器等。

美国 F-4 "鬼怪" 战斗机

　　F-4 "鬼怪" 战斗机是一种陆基和舰载通用的多用途战斗机，是美国 20 世纪 60 年代以来生产数量最多的战斗机，至 1981 年停产时共生产了 5195 架，是 20 世纪 60 ~ 70 年代美国空军和海军的主力战斗机，也是西方制造量最大的第二代战斗机。F-4E 鬼怪 II 战斗机是 F-4 系列战斗机最先进的机种。

图 9

　　F-4 "鬼怪" 战斗机（图 9）由美国麦道公司研制生产，于 1957 年进行了首飞，于 1967 年正式服役，F-4E 是 F-4 的最后一型，在以前机型基础上改进了航空电子设备。出口型包括德国的 F-4F 和英国的 F-4K 及 F-4M 舰载、陆基型。机载乘员 2 人。动力装置为 2 台通用电气 J79-GE-17A 补燃涡轮喷气发动机，单台推力为 52.77 千牛，加力推力为 79.58 千牛。

　　翼展 11.77 米，机长 19.2 米，机高 5.02 米，最大起飞重量 20 865 千克。最大升限 9120 米，最大平飞速度 2300 千米 / 小时，最大航程 4180 千米。

　　武器装备为 1 台 20 毫米 M61A1 六管机炮，配备 640 发炮弹，飞机 9 个外挂点可挂载 6 枚 AIM-7E 或 4 枚 AIM-9 空空导弹、AGM-12 空地导弹、AGM-45 和 AGM-78B 反辐射导弹、集束炸弹、常规炸弹、激光制导炸弹和核弹。

美国 F-5E "虎" 式战斗机

F-5E "虎" 式战斗机（图10）系 F-5A "自由战士" 战斗机的后期改进型，是以米格-21、苏-7 为主要作战对象设计的战术战斗机，具有制空、拦截、轰炸、近距离支援等多种作战功能。F-5E "虎" 式战斗机，在美国属于特别的 "援外战斗机"，是美国为埃塞俄比亚、也门等国特制的廉价、简易、低性能的战斗机。

F-5E 由美国诺斯罗普公司研制，于 1969 年 3 月首飞，于 1973 年 4 月加入现役。1986 年停产。共有 1400 多架 F-5E 被出口到世界各地。F-5E 在世界上超过 50 个国家的空军里担任过战斗或训练任务。

图10

F-5E 机载乘员 1 人。动力装置为 2 台通用电气 J85-GE-21 涡轮喷气发动机，单台推力 55.66 千牛。

翼展为 8.13 米，机长 14.45 米，机高 4.06 米，最大起飞重量 15 420 千克。最大升限 12 200 米，最大平飞速度 1743 千米/小时，最大航程 2860 千米，续航时间为 2 小时 40 分。起飞滑跑距离为 685 米，着陆滑跑距离为 1190 米。

主要武器装备为 2 台 20 毫米 M39A2 机炮，每台 280 发炮弹，飞机 7 个外挂点可挂载 4 枚 AIM-9 "响尾蛇" 空空导弹，2 枚 AGM-12 空地导弹，以及常规炸弹、火箭等。

美国 F-104 "星" 式战斗机

F-104 "星" 式战斗机（图 11）是美国于朝鲜战争之后突出强调轻便高速而研制的单座轻型战斗机，由美国洛克希德公司研制生产。该型机主要依靠地面引导拦截空中目标，不具备全天候作战能力。这款机型现在已经非常落后了，而且由于其低空性能差和设计强度不够，在机毁和人亡两项指标上都是最高的，如原联邦德国空军就摔掉了 224 架这种飞机，摔死了 96 名飞行员，中国台湾死于F-104 "星" 式战斗机事故的飞行员总共也高达 84 人，因此该机被称为 "寡

图 11

妇制造者"。中国台湾曾从美国购得大批 F-104 战斗机，但在 20 世纪末全部退役。

F-104 "星" 式战斗机是在 F-104C 的基础上重新设计的。该机于1954 年 2 月首架原型机试飞，1958 年开始装备美国空军。有包括中国台湾在内的十余个国家和地区使用该机。机载乘员 1 人。动力装置为 1 台通用电气 J79-GE-11A 补燃涡轮喷气发动机，加力推力 43 千牛。

翼展 6.68 米，机长 16.69 米，机高 4.11 米，最大起飞重量 13 054 千克。实用升限为 18 000 米，最大爬升率为 15 240 米 / 分，速度 2333 千米 / 小时，最大航程 3500 千米。起飞滑跑距离 900 米，着陆滑跑距离 695 米。

武器装备为 1 台 M61A1 20 毫米六管机炮，配备 750 发炮弹，飞机可挂 2 枚 AIM-7 和 2 枚 AIM-9 空空导弹，或 2 枚 A1M-12 空地导弹或 10 枚900 千克核弹。

美国 F-106A

"三角标枪"战斗机

F-106A"三角标枪"战斗机(图12)是一种全天候截击机,机载设备复杂,自动化程度很高,主要用于国土防空。原型机1956年12月26日首次试飞,共生产340架,1960年12月停产。目前仍有一定数量的"三角标枪战斗机"在美国空军服役。由美国康维尔公司研制。

机载乘员1人。动力装置为1台J75-P-17涡轮喷气发动机,最大推力为76.44千牛,加力推力为109千牛。

翼展为11.67米,机长为21.56米,机高为6.18米,最大起飞重量为17 350千克。最大平飞速度为2440千米/小时(高度12 000米),最大巡航速度为980千米/小时(高度2500米),最大爬升率为6220米/分,实用升限为17 400米,转场航程为2400千米。起飞滑跑距离为800米,着陆滑跑距离为1000米。

图12

装备 1 门 20 毫米 M-61 六管机炮，机身武器舱内可装 4 枚 AIM-4E/F 空空导弹，或 AIR-2B 空空核火箭弹。特种设备主要有 MA-1 火控系统、自动飞行控制系统、塔康导航仪和数据传输装置等。

美国 F/A-18 "大黄蜂" 战斗攻击机

F/A-18 战斗攻击机(图 13)是一种双发超声速舰载战斗攻击机,绰号"大黄蜂"，由美国麦道公司与诺斯罗普公司研制。F-18 "大黄蜂"在 20 世纪 70 年代中期设计,以取代当时海军的主力机种 F-4 "鬼怪"和 A-7 "十字军"的。F/A-18 战斗攻击机的主要特点是可靠性和维护性好,生存能力强。

图 13

海湾战争中投入的数量特别多,任务也十分重要。战争表明其性能十分先进,整个战争只有 1 架被击落,4 架被伊军防空火力击伤,经修理后,在 48 小时内又都重新投入了战斗。

1978 年 11 月 18 日,第一架 YF-18 原型机正式试飞。机载乘员 F/A-18C 为 1 人,F/A-18D 为 2 人。美国海军和陆战队共采购了 410 架 F/A-18,包括单座的 F/A-18A 和双座的 F/A-18B。

动力装置为 2 台通用电气 F404-400 补燃涡轮风扇发动机,单台推力 47.24 千牛,加力推力为 71.15 千牛。

该机翼展为 11.43 米,机长 17.07 米,机高 4.66 米,最大起飞重量为 23 590 千克。实用升限为 15 240 米,最大平飞速度为 1913 千米 / 小时,作战半径为 740 ~ 1020 千米,转场航程为 3700 千米。起飞滑跑距离为 400 米,着陆滑跑距离为 850 米。

主要武器装备为 1 台 20 毫米 M61A1 六管机炮，配备 570 发炮弹，飞机 9 个外挂点可挂 AIM-9L "响尾蛇"、AIM-7 "麻雀"、M-120 空空导弹以及 "小牛" 空地导弹。

美国 F-8 "十字军战士" 战斗机

美国 F-8 "十字军战士" 战斗机（图 14）由美国凌·特姆科·沃特公司研制，1955 年 3 月原型机首次试飞，1967 年下半年开始陆续装备美国海军。该机是美国海军最后一种采用单发动机的战斗机。

该机具有全天候作战能力，是 20 世纪 50 年代末至 60 年代中期美国海军的主力舰载战斗机之一。1965 年停产，共生产 1259 架。

机载乘员 1 人，动力装置为 1 台 J57-P-20 涡轮喷气发动机，最大推力为 55.66 千牛，加力推力为 80 千牛。

图 14

最大平飞速度为 1824 千米 / 小时（高度 5000 米），最大巡航速度为 875 千米 / 小时（高度 12 200 米），最大爬升率为 7800 米 / 分（海平面），实用升限为 12 200 米，转场航程为 3350 千米，作战半径为 650 千米（高度 6000 米），续航时间为 2 小时 40 分。起飞滑跑距离为 685 米，着陆滑跑距离为 1190 米。

装备 4 门 20 毫米 "科尔特" 机炮，6 个外挂点可挂载 4 枚 AIM-9 空空导弹，2 枚 AGM-12 空地导弹，各种炸弹及火箭，最大载弹量为 2950 千克。特种设备主要有 AN/APQ94 单脉冲火控雷达，AAS-15 红外探测仪等。翼展为 10.72 米，机长为 16.54 米，机高为 4.8 米，最大起飞重量为 15 420 千克。

美国 F-16 "战隼" 战斗机

F-16 "战隼" 战斗机（图 15）是一种超声速、单发、单座轻型战斗机，由美国洛克希德·马丁战术航空器系统公司研制。现已成为美国空军主力机种之一，F-16 战斗机主要用于夺取战区制空权。F-16 战斗机除装备美国空军外，还出口到比利时、荷兰、丹麦、挪威、埃及、巴基斯坦、以色列、韩国、泰国、印度尼西亚、希腊等 16 个国家和地区。截至 1994 年 12 月，该机共接到 3964 架订货，它的生产线要持续很长一段时间，是世界上销量最大的战斗机。

图 15

F-16 战斗机 1972 年 4 月开始研制，1978 年末开始装备部队。机载乘员 1 人。动力装置为 1 台通用电气 F110-GE-129 补燃涡轮风扇发动机，最大推力为 65.2 千牛，加力推力为 105.84 千牛。

该机翼展为 9.45 米，机长 15.03 米，机高 5.09 米，最大起飞重量为 16 060 千克。实用升限为 18 300 米，最大平飞速度 2124 千米/小时，巡航速度为 849 千米/小时，作战半径为 925 ~ 1200 千米，转场航程为 3890 千米。起飞滑跑距离为 350 米，着陆滑跑距离为 670 米。

主要武器装备为 1 台 M61AI 20 毫米六管机炮，配备 515 发炮弹，飞机 9 个外挂点可挂载 6 枚 AIM-9 "响尾蛇" 近距空空导弹或 2 枚 AIM-7 "麻雀" 中距空空导弹、AGM-65 "小牛" 空地导弹、反辐射导弹和炸弹。

苏联米格-17"壁画"战斗机

米格-17"壁画"战斗机（图16）是在米格-15基础上发展起来的高亚声速战斗机，由苏联米高扬-格列维奇设计局研制。原型机1949年12月试飞，1951年开始装备苏联空军，1958年停产。各型机共生产约9000架。使用该机的有欧、亚、非洲的20多个国家。

图16

加载乘员1人。动力装置为1台BK-1涡轮喷气发动机，最大推力为25.48千牛，加力推力为33.12千牛。

翼展为9.60米，机长为11.36米，机高为3.80米，最大起飞重量为6069千克。最大平飞速度为1145千米/小时（高度3000米），最大巡航速度为780千米/小时（高度10 000米），最大爬升率为4548米/分（海平面），实用升限为16 600米，作战半径为210～580千米，转场航程为2020千米。起飞滑跑距离为590米，着陆滑跑距离为850米。

装备1门37毫米 H-37机炮,2门23毫米 HP-23机炮,翼下2个外挂点,可挂2枚250千克的炸弹。特种装备主要有 ACH-3H 光学瞄准具、cpg-IM 测距器、无线电高度表、信标机、敌我识别器以及无线电罗盘、无线电台等。

苏联米格 –31 "猎狗" 战斗机

米格 –31(图 17)是在米格 –25 基础上发展起来的一种远程截击机,由苏联米高扬 – 格列维奇设计局设计制造。该机主要用于截击低空突防的飞机和巡航导弹。米格 –31 空重 21 500 千克,正常起飞重量 29 500 ~ 31 750 千克,最大起飞重量为 44 000 千克,是世界上最重的截击机。

图 17

原型机于 1975 年首次试飞,1983 年装备部队。机载乘员 2 人。动力装置为 2 台 D-30F6 补燃涡轮风扇发动机,单台推力 96.04 千牛,加力推力 151.9 千牛。

该机翼展 13.46 米,机长 22.69 米,机高 6.1 米。实用升限 21 000 米,高空速度为 3000 千米 / 小时,掠海飞行时为 1500 千米 / 小时,作战半径 1500 千米,转场航程 40 130 千米。

主要武器装备为 1 台 GSh-6-2323 毫米机炮,配备 260 发炮弹,飞机可挂载 4 枚 AA-8 和 4 枚 AA-9 空空导弹。

瑞典 Saab-37 "雷" 式战斗机

Saab-37 "雷"（图18）式战斗机是世界上最早的采用近耦合鸭式布局短距起降的战斗机。"雷"是瑞典在20世纪60年代末期自行研制的全天候多用途战斗机。Saab-37根据需要，可分别改装成攻击、截击、侦察、教练等型，以进行低空超声速攻击、对地支援、截击和空中侦察等任务。

图18

1964年11月首架原型机出厂，1967年2月试飞成功，1971年6月正式交付瑞典空军使用。从外观上看，Saab-37没有平尾，装有前翼，被称为"短颈鸭"式布局。该机利用三角翼短间距鸭式布局的前翼的主翼涡流的有利干扰，提高了飞机的总升力。Saab-37设计要求飞机应具有在500米之内的短距起落能力，并能够在公路跑道上起落。

Saab-37（图19）除JA-37单座全天候攻击型外，动力装置均采用1台RM-8A涡轮风扇发动机。该发动机具有反推装置，最大推力65.66千牛，加力推力115.6千牛，JA-37装1台RM-8B涡轮风扇发动机，最大推力72.03千牛，加力推力125.4千牛。

图19

Saab-37机长16.30米（JA-37为16.40米），机高5.8米（JA-37为5.9米），翼展10.90米，机翼面积52.72平方

米，空重 10 000 千克，起飞重量 15 000 ~ 30 500 千克，最大的平飞速度 2120 千米 / 小时，实用升限 18500 米，作战半径 1000 千米，起飞滑跑距离 400 米，着陆滑跑距离 500 米。

主要武器装备为 1 门 30 毫米"奥利康"机炮，飞机 7 个外挂点可挂 RB04E 和 RB05A 空地导弹、RB57 电视制导的"幼畜"导弹以及火箭弹、炸弹等。也可带空空导弹执行截击任务，可挂 2 枚"天空闪光"中距雷达制导的空空导弹和 2 枚红外制导的空空导弹。

苏联米格 –21 "鱼窝" 战斗机

米格 –21（图 20）是苏联研制的一种单座轻型超声速战斗机，为苏联空军 20 世纪 60 年代主力战斗机，由米高扬 – 格列维奇设计局设计制造。生产量超过 6000 架，有 20 多种型别，出口 30 多个国家。

图 20

原型机于 1955 年首飞，1958 年开始装备部队。机载乘员 1 人。动力装置为 1 台 R–25–300 补燃涡轮喷气发动机，最大推力 38.22 千牛，加力推力 60.52 千牛。

翼展 7.15 米，机长 12.29 米，机高 4.1 米，最大起飞重量为 9100 千克。实用升限 18 700 米，最大平飞速度 2175 千米 / 小时，最大巡航速度 950 千米 / 小时，作战半径 300 千米。起飞滑跑距离为 800 米，着陆滑跑距离为 950 米。

武器装备为 1 台 23 毫米 GSh–231. 双管机炮，携带 200 发炮弹，飞机 4 个外挂点可挂载 2 枚 AA–2 空空导弹以及炸弹、火箭弹等。

欧洲 EF-2000 战斗机

EF-2000 "欧洲战斗机"（图21）是由德国、英国、意大利和西班牙四国联合研制的一种单座的防御和取得制空权的战斗机，它在必要时还可以执行对地攻击。

原型机于 1994 年 3 月 27 日在德国试飞，当时一共收到了约 600 架订单——英国 250 架、意大利 130 架、德国 130 架和西班牙 87 架。

机载乘员 1 人。动力装置为 2 台 EJ200 补燃涡轮风扇发动机，单台推力 75.57 千牛。

该机翼展 10.5 米，机长 14.5 米，

图 21

机高 6.4 米，最大起飞重量 14 515 千克。最大平飞速度 2125 千米 / 小时，作战半径 460 ~ 556 千米，单机造价约 6000 万美元。

主要武器装备为 1 台毛瑟 Mk27 27 毫米机炮，该机有 13 个外挂点，机身下有 5 个，每侧机翼下各有 4 个挂点，可携带各种空空导弹、炸弹及其他对地攻击武器，总带弹量为 6500 千克。

基本机身设计是无尾三角翼，整个机身大部分是用碳纤维合成材料制成。机鼻装有 ECR90 多段脉冲多普勒雷达。为了增强机动力，飞机还装有全动鸭翼和四倍灵敏度的头盔飞行控制系统。

美国 F-14D "雄猫" 战斗机

F-14 "雄猫" 战斗机（图22）是根据美国海军20世纪70年代到80年代舰队防空和护航的要求而研制的一种双座超声速多用途舰载战斗机，由美国格鲁门公司研制生产。F-14的主要作战任务是在一定的空域夺取并

图22

保持制空权，为舰队防空以及遮断和近距支援。在中东和海湾战争中都有很大的作为，作战效能很高，是当今作战效能最好的舰载战斗机。

第一架 F-14 的原型机于 1970 年 12 月 21 日试飞，1974 年 9 月正式服役。从1972年10月起一共有478架F-14A交付美国海军。另外，共有79架F-14A卖给了伊朗。

机载乘员 2 人。动力装置为 2 台通用电气 F110-GE-400 补燃涡轮风扇发动机，单台推力 92.9 千牛。

该机机翼展在20°时为19.56米，在68°时为11.63米，机长19.10米，机高4.88米，重量31 880千克。实用升限15 250米，最大平飞速度2500千米/小时，最大航程3220千米。起飞滑跑距离为370米，着陆滑跑距离为488米。

主要武器装备为 1 台 20 毫米 M61A1 六管机炮，配备 675 发炮弹，飞机可挂载4枚AIM-54C "不死鸟" 空空导弹，4枚AIM-7 "麻雀" 空空导弹，4 枚 AIM-9 "响尾蛇" 空空导弹以及集束炸弹等。

苏联苏–15"细嘴瓶"战斗机

苏–15"细嘴瓶"战斗机（图23）是一种全天候战斗机，由苏联苏霍伊设计局研制，主要用于执行中、高空截击任务。原型机1965年首次试飞成功，1969年开始装备苏联防空军，1977年停产。到1986年初，苏联防空军仍装备"细嘴瓶"E、F型约200架(F型为使用中的最新型，又称苏–21)。

图23

机载乘员1人。动力装置为2台涡轮喷气发动机，单台最大推力为40.18千牛，加力推力为66.64千牛。

翼展为9.1米，机长为20.5米，机高为5.0米，最大起飞重量为19 300千克。最大平飞速度马赫数为2.2(高空)，最大巡航速度马赫数为0.9(高度12 200米)，最大爬升率为10 800米/分(海平面)，实用升限为19 000米，作战半径为750千米，转场航程为2400千米。起飞滑跑距离为800米，着陆滑跑距离为 800 米。

　　装备 1 门 23 毫米双管机炮，飞机 6 个外挂点可挂 2 枚 AA-3 和 2 枚 AA-8 空空导弹。特种设备主要有"旋转跳跃"单脉冲火控雷达、空中交通管制/选择识别装置、敌我识别器、雷达警告系统等。

苏联米格 –25 "狐蝠"战斗机

　　米格 –25 是一种中程截击机，由苏联米高扬 – 格列维奇设计局设计。它最大的特点就是飞得快，飞得高，最大平飞速度为 2980 千米/小时，被誉为"世界上飞得最快、最高的战斗机"。

图 24

　　米格 –25（图 24）于 1964 年首次试飞成功，于 1968 年装备部队，除苏联空军、防空军共装备 300 余架外，还出口利比亚、叙利亚、阿尔巴尼亚和印度等国。

　　机载乘员 1 人。动力装置为 2 台 R–15BD–300 补燃涡轮喷气发动机，单台推力为 91.14 千牛，加力推力为 120.5 千牛。

　　翼展 14.02 米，机长 23.82 米，机高 6.1 米，最大起飞重量 37 500 千克。实用升限 24 400 米，最大巡航速度为 960 千米/小时，作战半径 1300 千米，转场航程 3000 千米。起飞滑跑距离为 1380 米，着陆滑跑距离为 1580 米。

　　主要武器装备为 2 枚 R–23、2 枚 R–40、4 枚 R–60 或 4 枚 R–73A 空空导弹。

瑞典 JAS-39 "鹰狮" 战斗机

　　JAS-39 "鹰狮" 战斗机（图25）是一种全新的多用途战斗机，是西欧 "三代半" 战斗机中重量最轻、尺寸最小、最早投入实用的飞机，由瑞典 Saab 军用飞机公司研制生产。JAS-39 采用三角翼和水平鸭翼设计，具有小巧、灵活和轻便的特点。

　　JAS-39 是一型真正的多用途战斗机。只需要对机上的电脑、软件及相关系统进行修改，它就具备了战斗、侦察和对地攻击能力。数据通过三路下行的 MFD 以及广角飞行头盔传送给飞行员。驾驶员右侧的 MFD 能提供雷达、红外和传感器获得的敌方目标数据，协助对敌攻击。JAS 为 JAKT、ATTACK、SPANING 三个单词的缩写，意为拦截、攻击和侦察。

图 25

　　JAS-39 于 1988 年首次试飞，1997 年开始装备部队，瑞典皇家空军共计采购 300 架 JAS-39，以装备 16 个飞行中队。机载乘员 1 人。动力装置为 1 台通用电气／沃尔沃 RM12 补燃涡轮风扇发动机，推力 80.46 千牛。

　　该机翼展 8.4 米，机长 14.1 米，机高 4.5 米，最大起飞重量 16 000 千克。最大平飞速度 2126 千米／小时。

　　主要武器装备为 1 台毛瑟 BK2727 毫米机炮，飞机 8 个外挂点可挂载 Rb74/AIM-120 空空导弹、Rb15F/Rb75 空地导弹、常规炸弹、火箭和 DWS39 武器子系统等。

苏联米格 –29 "支点"战斗机

米格 –29 战斗机（图 26）是一种多用途战斗机，由苏联米高扬 – 格列维奇设计局设计制造。该机主要用于执行空战和截击任务，特别是中低空格斗和对低空目标的截击，也可以执行对地攻击任务。米格–29 所装备的"高空云雀"火控雷达非常先进，搜索距离为 100 千米，跟踪距离为 80 千米，具有良好的下视能力、抗干扰能力和边扫描边跟踪能力。

图 26

米格 –29 原型机于 1977 年首次试飞，1984 年装备部队。机载乘员 1 人。动力装置为 2 台 RD–33 补燃涡轮风扇发动机，单台推力 49.98 千牛，加力推力 81.34 千牛。

该机翼展 11.36 米，机长 17.32 米，机高 4.73 米，最大起飞重量为 18 000 千克。最大平飞速度高空时为 2400 千米 / 小时，低空时为 1500 千米 / 小时。实用升限为 17 000 米，作战半径为 800 千米，转场航程为 2100 千米。起飞滑跑距离为 600 米，着陆滑跑距离为 600 米。

主要武器装备为 1 台 GSh–30–130 毫米机炮，配备 150 发炮弹，飞机有 7 个外挂点，可挂载 4 枚 AA–8 或 AA–11、2 枚 AA–10 空空导弹或空地导弹以及炸弹、火箭、副油箱和电子战舱等。

法国"阵风"战斗机

　　"阵风"战斗机(图27)是一种超声速战斗机,由法国达索公司研制。"阵风"共制造了5架原型机。3架空军D型(包括1架双座教练型),2架海军M型。空军型1991年2月首飞,1996年开始装备部队,法空军预计购买250架。海军型1998年装备使用,计划装备86架。"阵风"的生产将会持续很长的一段时间。达索公司估计将要生产800~1200架。"阵风"战斗机采用双三角翼加近耦鸭式气动布局,具有最优秀的气动性能。

图27

　　原型机装2台M88-2涡轮风扇发动机,加力推力2×72.9千牛,采用先进的通信、导航和座舱显示设备,其汤姆逊-CSF/ySDRBG火控雷达可同时跟踪8个目标,并可评估威胁,确定优先进攻目标。1门GiatM791B航炮,14个挂架,最大载弹量8000千克。在执行截击任务时可挂8枚马特技"米卡"空空导弹和2个副油箱,对地攻击时可带16颗227千克炸弹、2枚"米卡"导弹和2个1300升副油箱。

该机翼展 10.90 米，机长 15.30 米。最大起飞重量 19 500 ~ 21 500 千克。最大平飞速度时马赫数为 2.0(高空)。

法国 "幻影" 2000 战斗机

"幻影" 2000（图 28）是一种单座轻型战斗机，是法国空军 20 世纪 80 年代中期以后的主力战斗机，由法国达索公司研制。该机主要用于执行防空截击和制空任务，也可用于侦察、近距空中支援和战场巡逻的低空攻击等。

图 28

"幻影" 2000 的自动化程度之高令人惊讶，它的机载 RDY 雷达能自动选择三种波形，不管敌方飞机在什么高度、什么方位，它都能发现并跟踪。而且它还装有两套威胁警告装置，如果被敌人发现，可以自动报警。更为神奇的是，报警之后，机载电子对抗系统还会对敌方的来袭导弹进行干扰，使导弹自动偏离原来的方向。

原型机于 1978 年首次试飞，1983 年装备部队。基本型 "幻影" 2000C 除装备法国空军外，还向埃及、印度、秘鲁、阿联酋和希腊等国出口。

机载乘员 1 人。动力装置为 1 台斯奈克玛 M53-P2 补燃涡轮风扇发动机，最大推力为 64.29 千牛，加力推力为 95.06 千牛。

该机翼展 9.13 米，机长 14.36 米，机高 5.2 米，最大起飞重量为 17 000 千克。实用升限为 7300 米，最大平飞速度为 2340 千米 / 小时，作战半径为 650 ~ 1430 千米，转场航程为 3900 千米。起飞滑跑距离为 457 米，着陆滑跑距离为 640 米。

主要武器装备为2台DEFA-554 30毫米机炮，每台125发炮弹，以及BAP-100反机场炸弹、集束炸弹、BGL-1000激光制导炸弹、"魔术"空空导弹、AS-30L/ARMAT反雷达导弹和火箭等。

法国"超幻影"4000战斗机

"超幻影"4000战斗机（图29）是一种双发多用途战斗机，主要用于防空截击和对远距离目标实施攻击。它与"幻影"2000平行发展，基本上是"幻影"2000的双发放大型。1979年3月9日首飞，只生产了2架。由法国达索公司研制。

图29

该机机载乘员1人。动力装置为2台M53-5涡轮风扇发动机，单台最大推力为62.23千牛，加力推力为88.2千牛。

翼展为9.13米，机长为14.36米，机高为5.20米，最大起飞重量为17 000千克。最大平飞速度时马赫数为2.3(高空)，最大巡航速度时马赫数为0.9，最大爬升率为18 300米/分(海平面)，实用升限为19 000米，转场航程为3700千米。

装备2门30毫米"德发"554机炮，有11个外挂点，可挂多种空空、空地导弹以及炸弹、火箭发射器等。特种设备主要有RDI脉冲多普勒火控雷达、惯性导航系统、中央数字计算机、平视和下视显示器、电子对抗设备、塔康和敌我识别器等。

俄罗斯 S-37 "金雕"战斗机

　　S-37 战斗机（图 30）是俄罗斯苏霍伊设计局研制的第四代多用途隐身战斗机，绰号为"金雕"。该机别出心裁地采用前掠翼式布局，具有超强的机动性。

图 30

　　S-37 于 1997 年 9 月 25 日首飞。该机翼展 16.7 米，机长 22.6 米，机高 5.4 米，具有超声速巡航能力，最大速度时马赫数为 1.6。

　　该机采用多种隐身技术，雷达反射面积仅有 0.5 平方米，装备数字式 X 波段多模相控阵雷达，对空探测距离为 245 千米，对地探测距离为 170 千米，可同时探测跟踪 20 个目标并引导攻击其中 8 个目标，机载射程达 400 千米，可挂载 1 声速 KS-172 空空导弹、RVV-AE 中程空空导弹和 1 门 20 毫米航炮。外形凶猛强悍的"金雕"在空战中，还可以利用后视雷达和 R-73 后射空空导弹攻击身后的目标。

俄罗斯苏-37战斗机

苏-37战斗机（图31）是第一种使用矢量推力喷嘴发动机的俄制战机。它是苏-27的改进型，由俄罗斯苏霍伊设计局设计制造，于1996年首次试飞。苏-37是最先具有矢量推进器的超机动战斗机。发动机液压控制的喷管可以在水平+15°范围内转动。矢量推进器和飞行控制系统完美结合，不需要驾驶员操控。一个紧急系统就可以使喷管在飞行时失控的情况下恢复水平。

图31

机载乘员1人。动力装置为2台AL-37FU补燃涡轮风扇发动机，单台推力137.2千牛。

该机翼展15.16米，机长21.94米，机高6.84米。空载重量18 400千克，最大起飞重量34 000千克。实用升限18 000米，最大平飞速度2440千米/小时，最大航程3500千米。

主要武器装备为1台GSh-30-1 30毫米机炮，配有150发炮弹，飞机的14个外挂点可挂载R-73/R-77空空导弹、空地导弹以及炸弹、火箭等。安装的NO-12后视雷达及后射导弹系统，使驾驶员能向在苏-37后方的目标开火。

俄罗斯苏-35战斗机

苏-35（图32）是苏-27的另外一种改型，在苏-27的基础上增强了攻防装备、动力装置，改装了可动鸭翼和空中加油管。苏-35于1994年首次试飞，于1996年开始装备部队，由俄罗斯苏霍伊设计局设计制造。苏-35具有良好的机动性能，可以做难度极大的"钩子机动"。

图32

机载乘员1人。动力装置为2台Lyulka AL-31FM补燃涡轮风扇发动机，单台推力137.2千牛。

该机翼展15.16米，机长22.18米，机高6.84米。空重18 400千克，最大航程4000千米，空中加油后航程超过6500千米，实用升限18 000米。最大平飞速度为2500千米/小时。

主要武器装备为1台GSh-30-1 30毫米机炮，配备150发炮弹，该机有11个外挂点，可挂载R-27B/T/TM、R-73R红外/激光制导空空导弹，R-73RM、R-77、KS-172等空空导弹，Kh-25ML/MP，Kh-29、Kh-31反坦克导弹，Kh-29V反雷达导弹等。

苏-35装备了NO-11M脉冲多普勒机鼻雷达、NO-14后视雷达以及MAK光导传感器，并完善了空中防御设备。

苏联苏 –30 战斗机

苏 –30（图 33）是基于苏 –27UB "Flanker–C" 双座教练机的改进型，由苏联苏霍伊设计局设计制造。该机是一型串列双座截击机，也有对地攻击能力。在机身下的两个引擎之间，装备有后视空对空雷达，这意味着苏 –30 战斗机的飞行员无需掉头，就能对从后面对袭来的敌方战斗机冷不防地杀个 "回马枪" ——向后方发射雷达制导的空空导弹。

图 33

苏 –30 于 1977 年首次试飞，1989 年开始装备部队。机载乘员 2 人。动力装置为 2 台 Lyulka AL– 31F 补燃涡轮风扇发动机，单台推力 133.28 千牛。

该机翼展 14.7 米，机长 21.94 米，机高 6.84 米，最大起飞重量 27 200 千克。实用升限 18 700 米，最大平飞速度为 2500 千米 / 小时，最大航程为 3000 千米。

主要武器装备为 1 台 Gsh–30–1 30 毫米机炮，配备 150 发炮弹；该机有 12 个外挂点，可挂载 R–27/R–73 空空导弹，Kh–29T/Kh–31P/Kh–59M 空地导弹，炸弹和火箭等。

苏 –30M 是多用途战斗机，苏 –30MK 是作为先进战术战斗截击机用于出口的。1999 年加装前鸭翼和矢量推进器的苏 –30 也已服役。苏 –30MK 同时装有新型 Zhuk–27 相控阵雷达，可以兼容现役所有苏制空空、空地导弹。

美国 F-117A "夜鹰" 战斗机

F-117A（图34）通常被称作"隐身飞机"，它既能执行常规任务，又能执行战略任务。F-117A 是世界上第一种可正式作战的隐身战斗机，在海湾战争中由于表现出色而名声大振。机身主要由铝制成，被打造成许多小的平面，因此可以造成雷达波的镜面反射。表面还铺设了一层雷达波

图 34

吸收层，所有的门和突起物的边沿都有锐角，吸热管和铝网把进气口和排气口紧紧保护起来，大大减小了被红外线探测到的几率。

F-117A 由美国洛克希德－马丁战术航空系统公司研制生产，1981 年6 月在绝对保密的情况下试飞成功，1982 年 8 月向美国空军交付了第一架这种飞机。

机载乘员 1 人。动力装置为 2 台 F404-GE-FID2 涡轮风扇发动机，单台推力 48.10 千牛。

该机翼展 13.2 米，机长 20.08 米，机高 3.78 米，最大起飞重量 23 800千克。最大升限为 15 800 米，最大平飞速度 1040 千米 / 小时，航程为2010 千米，经空中加油后，无航程限制。

F-117A 战斗机的所有武器都挂在武器舱中。武器舱长 4.7 米、宽 1.57米，可挂载美国战术战斗机使用的各种武器，如 AGM-88A 高速反辐射导弹、AGM-65 "幼畜" 空地导弹、907 千克的 GBU-10/24/27 激光制导炸弹、GBIJ-15 模式滑翔炸弹（电光制导）、B61 核炸弹和空空导弹等。

欧洲"狂风"战斗机

"狂风"战斗机（图35）是由英国、原联邦德国、意大利三国联合研制的双座变后掠翼多用途军用飞机，是为适应北约组织对付突发事件的"灵活反应"战略思想而研制的，主要用来代替 F-4、F-104、"火神"、"坎培拉"、"掠夺者"等战斗机和轰炸机，以执行截击、攻击等常规作战任务。该机由帕那维亚飞机公司研制，有攻击机(IDS)和战斗机(ADV)两个机种。

图35

战斗机(ADV)是在对地攻击型的基础上研制发展的型号，机载乘员2人。于1979年首次试飞，于1985年装备部队。总共生产了197架。英国和沙特阿拉伯空军各装备173架和24架，分别于1985年和1989年开始交付。

动力装置为2台 RB199-34R Mk.104 补燃涡轮风扇发动机，单台推力60千牛。

该机翼展25°时为13.91米，67.5°时为8.6米，机长18.68米，机高5.95米。最大起飞重量17 700千克。实用升限15 240米，最大速度2337千米/小时，最大航程3895千米。

主要武器装备为1台"毛瑟"27毫米机炮，飞机有10个外挂点，可挂载4枚"天空闪光"空空导弹，4枚 AIM-9L"响尾蛇"或 AIM-120 空空导弹等。

英国"海鹞"战斗机

英国的"海鹞"（图36）是一种单座垂直／短距起降战斗／攻击机，任务是海上巡逻、舰队防空、攻击海上和地面目标、侦察和反潜。"海鹞"的主要特点是采用了4个可以转动的喷管，4个喷管都向下时，可以使飞机垂直起落或空中悬停，是世界上第一种实用型的固定翼垂直短距起降飞机。

"海鹞"于1988年试飞，1994年开始服役，由英国航空航天公司设计制造。机载乘员1人，动力装置为1台劳斯莱斯 Pegasus Mk106 矢量控制无补燃涡轮风扇发动机，推力96.63千牛。

该机翼展7.7米，机长14.17米，机高3.71米，最大短距起飞重量为11 880千克。实用升限为14 630米，低空飞行速度为1185千米／小时，

图36

航程为3766千米，作战半径为460～750千米。起飞滑跑距离为0～305米。

主要武器装备为2台"亚丁"30毫米可转机炮，可挂载"海鹰"反舰导弹、AIM-9空空导弹、AIM-120先进中程空空导弹和先进远程反雷达导弹。

苏联苏–27"侧卫"战斗机

苏–27战斗机（图37）是一种单座双发全天候空中优势重型战斗机，由苏联苏霍伊设计局设计制造。其主要任务是国土防空、护航、海上巡逻等。该机主要是针对美国的F–16和F–15设计的，用以取代雅克–28P、苏–15和图–28P/128截击机，具有机动性和敏捷性好、续航时间长等特点，苏–27具有超强的机动性，"普加乔夫眼镜蛇"动作就是它的代表作，还可以进行超视距作战。

图37

原型机于1977年5月首次试飞，1984年开始装备部队。至1992年，独联体国家已装备了300多架苏–27飞机，目前生产的飞机主要用于出口。

机载乘员1人。动力装置为2台Lyulka AL–31F补燃涡轮风扇发动机，单台加力推力为122.35千牛。

该机翼展14.7米，机长21.94米，机高5.93米，最大起飞重量为30 000千克。实用升限为18 300米，最大平飞速度为2500千米/小时，作战半径为1200千米，转场航程为4000千米。起飞滑跑距离为500米，着陆滑跑距离为600米。

图38

主要武器装备为机身右侧机翼边条上方的1门30毫米GSH–301机炮，备弹150发。该机最多可以挂10枚空空导弹（图 38），包括 R–27R 短距半主动雷达制导空安导弹、R–271 短距红外空空导弹、R–27ER 长距半主动雷达制导和 R–27ET 红外空空导弹、以及 R–73A 和 R–60、R–33 近距红外空空导弹等。对地攻击时可带机炮吊舱、各种炸弹、火箭发射巢等。

Part 2
对地攻击机

　　对地攻击机主要包括强击机和歼击轰炸机、强击机是作战飞机的一种，主要用于从低空、超低空突击敌战术或浅近战役纵深内的目标，直接支援地面部队作战。国外也称之为近距空中支援飞机。强击机具有良好的低空操纵性、安定性和良好的搜索地面小目标能力，可配备品种较多的对地攻击武器。为提高生存力，一般在其要害部位有装甲防护。强击机由德国首先使用，另外，有些战斗轰炸机也被称为攻击机。

概　述

　　对地攻击战斗机（图49）包括强击机（又称攻击机）和歼击轰炸机。强击机主要用于近距离空中对地支援，攻击战场前沿500千米以内的敌地、海面目标，如坦克、野战工事、行军纵队、舰只等。朝鲜战场上，人们

图49

在电影《上甘岭》中看到的美军飞机轰炸中国人民志愿军前沿阵地，就是美军地面部队为了攻占中方阵地，实施空中对地支援的军事行动。歼击轰炸机主要用于遮断和孤立战场，切断敌人后方对前线的支援，攻击战役纵深500千米以外的目标，如机场、铁

路、桥梁和部队集结点。当然，歼击轰炸机也能用于近距离空中支援，且具有一定的空战能力。在朝鲜战场上美机除了轰炸中方部队前沿阵地外，还派大批侦察机到我后方侦察，然后派歼击轰炸机轰炸中方行军纵队、后勤物资储存地、指挥所、桥梁、铁路和公路等。中国人民志愿军总司令彭德怀的指挥所也曾遭到美机轰炸，在他身边工作的毛泽东的儿子毛岸英就在轰炸中牺牲，为朝鲜人民洒下最后一滴血。根据两种对地攻击机作战任务的不同特点，强击机要求快速反应、短距起降、维护简单、出勤率高、成本低廉（因为消耗快，购买量大）和良好的低飞行品质。当然，也要求突防能力和生存能力（主要靠装甲防护）、载弹量尽量多（一般3吨左右）。歼击轰炸机要求有很强的突防能力和生存能力，因为它要深入敌后高风险区执行任务，危险更大。当然，要求航程远、载弹量大（一般在6吨以上）。这两种对地攻击机互相配合，构成近、中、远程完整有效

的战术对地攻击配系。在军事强国的空军战术飞机武库中，约占总数的
40%，可见其重要性。强击机如美国的 JSF、A-7D/K、A-10 和 AV-8B/
C，俄罗斯的苏-25/27，英国的鹞式垂直起降飞机和德国的阿尔法喷气式
飞机等。20 世纪 80 年代，中国一度准备购买英国的鹞式垂直起降飞机，
后因美国的阻挠而失败。歼击轰炸机如美国的 F-22、F-4G、F/A-18，俄
罗斯的米格-21L、苏-24，英国的"狂

风"、"美洲虎"，法国的"超级军
旗"（图 50）等。美国的 F-4G 是一
种著名的歼击轰炸机。早在越南战争
期间，美军就是通过 F-4G 执行所谓
"野鼬鼠行动"计划的。该计划是由
F-4G 深入越南北方腹地，用"百舌鸟"

图 50

反辐射导弹攻击北越、中国的雷达站，包括萨姆导弹的雷达及发射架，
取得了重大战果。"野鼬鼠行动"计划的执行，使美机在越南上空的生
存力提高 7 倍。F-4G 歼击轰炸机因此直到最近的海湾战争、科索沃战争
和美英袭击阿富汗战争中，仍在服役作战。强击机与歼击轰炸机的战术
技术性能差别是由其作战任务不同而规定的。

汉诺威 CL.Ⅲ 强击机

在第一次世界大战康布雷战役中参加了德军反击行动的汉诺威 CL.Ⅲ
型强击机（图 51）是最早在驾驶舱周围布设防弹装甲的飞机之一。这种双
翼强击机由同型的侦察机改进而成，其翼展为 11.7 米，机长 7.58 米，机
高 2.8 米，动力装置为一台 180 马力的"百眼巨人"式活塞发动机。它的
起飞重量约 1080 千克，最大飞行速度 165 千米 / 小时，升限 7500 米，续

图 51

航时间 3 小时。汉诺威 CL. Ⅲ 的机载乘员为两名，武器装备是三挺机枪。机枪架设在机身的腹部，可通过舱底的开口向下射击。从综合性能看，汉诺威 CL. Ⅲ 是当时比较优秀的一种对地攻击机。

"容克" J.4 对地攻击机

"容克" J.4 对地攻击机（图 52）是世界上最早的全金属作战飞机。该型飞机不但在座舱周围装上了 5 毫米厚的防弹钢板，而且整个机身和机翼都采用了铝合金等轻质金属制造。因此，其总体的防护能力大为增强。由德国容克斯飞机制造股份公司设计制造。

图 52

1918年，"容克"J.4装备德军部队，投入到与盟军的激烈厮杀中。这种双翼、单发的全金属强击机的武器主要为安装在机腹下的航空机枪，这样的配置，有利于对地面目标的攻击。另外，它还可携带集束式手榴弹和手掷式轻型炸弹，执行战术轰炸任务。"容克"J.4在战场上屡立战功，且生存率极高。据说，至今没有资料能够证明该型机被敌方的战斗机击落过。

"容克" CL.1 强击机

"容克"CL.1是（图53）德国容克斯飞机制造股份公司于1918年设计出的另一种比较成功的全金属强击机。该机采用下单翼、后尾式布局，机体呈矩形截面，其翼展为12.04米，机长约7.9米，机高2.65米，动力装置为一台功率达180马力的6缸液冷活塞式发动机，起飞重量为1050千克，最大飞行速度161千米/小时，升限6000米，续航时间2小时。它的武器装备主要是设在机身腹部的三挺速射机枪，另外，机上还可携带手榴弹和手掷型炸弹等武器。

图53

"容克"CL.1的机载乘员为两名，前座是驾驶员，后座为射击员。座舱是敞篷式的，只在驾驶员的前方加了一小块挡风玻璃，虽然无法遮风避雨，但视界好，射界宽。为了保护飞行员，在飞机座舱的周围包有5毫米厚的钢板。该型机是早期强击机中比较优秀的一种，取得的战绩也很优秀。

苏联伊尔-2强击机

　　火力猛、装甲防护能力好的伊尔–2式飞机（图54）是二战中声名远播的一种对地攻击机,这些外表涂了黑漆的强悍"猎手"在苏联军队中有"空中坦克"、"空中炮兵"之称,这种飞机每架都可携带144枚2.5千克重的反坦克炸弹,对敌方坦克集群实施压制性打击。由于该型机性能优异,对德军地面部队的威胁非常大,因此被德国兵视为"黑色死神"。

　　在卫国战争中,伊尔–2式强击机是苏联空军使用最广泛、表现最出色、战果最辉煌的强击机。该机于1938年开始设计,20世纪40年代初投入使用。

　　伊尔–2的生存能力极为惊人,它是装有一挺向后射击机枪的双座飞机。飞机尾部,除了载有一位负责向后方尾追的敌机进行扫射的通讯/射击员外,还在保护飞行员方面下了很大功夫。伊留申创造了一种与装甲焊接在一起的盒形舱,且装甲很厚。该机的重量约6000千克,而装甲就重达700多千克。由于巧妙地将装甲作为飞机承力骨架的一部分,从而使机体的结

图54

构重量相应减轻。

伊尔 –2 的翼展为 14.55 米，机长 11.60 米，机高 3.40 米。机上配备有一台 AM–38Φ 液冷式活塞发动机，功率为 1750 马力。该机的起飞重量为 6373 千克，最大速度超过 400 千米 / 小时，实用升限达到 6000 米，航程超过 750 千米。机上配备有两门 23 毫米航炮，后来改为口径更粗的两门 37 毫米航炮，两挺安装在机翼上的机枪，一挺通讯 / 射击员用的 12.7 毫米的大口径自卫机枪，四枚 82 毫米和 132 毫米火箭弹。在炸弹舱和翼下还可挂载 400 ~ 600 千克的航空炸弹。

伊尔 –10 是伊留申在伊尔 –2 的基础上研制、发展出来的一种性能更卓越的强击机。该机于 1944 年加入对德作战的行列，取得过不少的成绩。伊尔 –10 与伊尔 –2 很相像，也采用了双座下单翼的方案，但前者比后者要大一点。其翼展达 13.54 米，机长 11.30 米，机高 3.5 米。动力装置为一台 20 000 马力的 AM–42 液冷式活塞发动机。伊尔 –10 的起飞重量约 6550 千克，最大速度 550 千米 / 小时，升限 7570 米。该机配备的武器为 3 门 20 毫米口径的航炮和两挺机枪。

德国"容克"Ju–87G 强击机

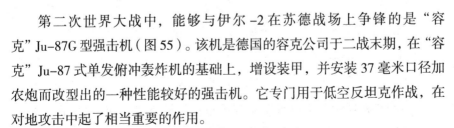

第二次世界大战中，能够与伊尔 –2 在苏德战场上争锋的是"容克"Ju–87G 型强击机（图 55）。该机是德国的容克公司于二战末期，在"容克"Ju–87 式单发俯冲轰炸机的基础上，增设装甲，并安装 37 毫米口径加农炮而改型出的一种性能较好的强击机。它专门用于低空反坦克作战，在对地攻击中起了相当重要的作用。

"容克"Ju–87G 采用海鸥式下单翼，机长约 11.5 米，翼展 13.8 米，机高约 4 米。其动力装置为一台 1400 多马力的 12 缸 V 型液冷式活塞发动

图 55

机。起飞重量约 6000 千克，最大速度 410 千米 / 小时，升限 7300 米，航程 1500 多千米。与伊尔 -2 一样，"容克"Ju-87G 的机载乘员也是两人，以便在低空活动时相互配合。

虽然是由单发俯冲轰炸机改型而来的，但"容克"Ju-87G 式飞机在强击机家庭中并非等闲之辈。作为低空杀手，其"技能"堪称上乘，表现甚为突出。除了对地攻击用的大口径航炮外，该机还可挂载 1800 千克的炸弹，强击火力非常猛烈。

美国 A-20 强击机

A-20"破坏者"（图 56）是美国道格拉斯飞机公司于 20 世纪 40 年代大量生产和出口的一种性能优异的强击机。该机于 1938 年 12 月作为"道格拉斯"7B 型出现，并成为美国研制的第一架采用前三点式起落架的战术飞机。在几年的时间里，公司的设计人员根据军方和国外的要求，对这种飞机进行了多次改进、改型，如DB-7、DB-7A、"破坏者"Ⅰ、"波士顿"Ⅲ等。1940年12月，该机被定名为A-20"破坏者"。后来波音公司也参与了该型机的制造和改良。

图56

A-20型强击机的翼展为18.7米，机长14.5米，机高5.33米。其动力装置为两台1700马力的活塞式发动机，最大起飞重量9280千克，最大速度625千米/小时，实用升限9620米，最大航程1770千米，载弹545千克时的航程为1230千米。显而易见，该机的缩合性能要比苏联的伊尔-2和德国的"容克"Ju-87G优秀许多。

美国 A-26 强击机

A-26"侵略者"强击机（图57）是由美国道格拉斯飞机公司负责研制的，它的翼展为22.33米，机长15.46米，机高5.64米，体积比一般的单发强击机要大得多，与当时的轻型轰炸机差不多。该机的动力装置为两台该公司生产的"双黄蜂"型气冷式活塞发动机，单台功率约2000马力。其最大速度为570千米/小时，升限9600米，航程2900千米，起飞重量15 876千克，载弹量1815千克。

图57

在A-26的机头处装有6挺机枪，可对地和对空进行密集射击。在机身上方，还设有一个自卫用的炮塔，内装两挺并列机枪。其机载乘员为3人。从飞行性能看，它要比装同样发动机的马丁公司生产的B-26轰炸机好得多。A-20和A-26这两种飞机与其说是攻击机，不如将它们看成是强击轰炸机。

法国"秃鹰"强击机

"秃鹰"（图58）是法国原西南航空制造公司（后并入国营航空航天公司）根据法国空军的要求研制的一种双发喷气式作战飞机。法国军方的构想是，通过改变机体结构、安装不同的机载设备和携带不同的武器，发展出一机多型的军用飞行平台，使之分别成为全天候战斗机、对地攻击机和轻型轰炸机／侦察机。

"秃鹰"于1951年6月开始设计，其基本方案采用自行车式起落架、悬臂式中单翼、后尾式气动布局。左右翼下各吊装一台喷气式发动机。该机翼展为15.1米，机长15.55米，机高4.3米，机翼后掠角约35°。

图58

1952年10月，第一架双座型的全天候战斗机的原型机首次飞行。随后不久，第二架单座型的对地攻击机和第三架双座型的轻型轰炸机的原型机也相继走进了人们的视野。"秃鹰"的对地攻击型安装有两台"阿塔"101C涡轮喷气式发动机，单台推力约2800千克。

1953年，法国政府将三架原型机全部订购，随后又买了6架预生产型，其中，轰炸型一架，对地攻击型两架，全天候战斗机三架。在预生产型的基础上，经过改进，西南航空制造公司在几年的时间里，陆续开发出批量生产型的"秃鹰"Ⅱ–A、"秃鹰"Ⅱ–B、"秃鹰"Ⅱ–N。

"秃鹰"Ⅱ–A是单座对地攻击机的小批量生产型，配备有较强的火力，并设有机内炸弹舱。该型机于1956年4月30日试飞成功，共生产了30架。但它没有在法国空军中服役，大部分卖给了法国当时的盟友以色列。

图59

"秃鹰"Ⅱ–A强击机（图59）的最大平飞速度约为1000千米/小时，航程2000多千米，载弹量在1350千克左右。它的武器装备比较强大，机头内安装有4门30毫米"德发"机炮，每门航炮备弹100发。炸弹舱内可装载240枚SNEB火箭、10枚炸弹、一枚B.10空对地导弹。翼下挂架可携带空对空导弹、火箭、炸弹、副油箱等。

这种老式的强击机在法国没有派上用场，却在中东找到了用武之地。"六日战争"中，该型机出人意料地大展拳脚，远程奔袭了超过其正常活动半径以外的埃军目标，为以色列军队战胜埃及等阿拉伯国家立下了汗马功劳。

美国"天鹰"强击机

A–4"天鹰"（图60）是美国道格拉斯公司于1952年开始设计的一种单座轻型舰载强击机，其使命主要是执行对海上和沿岸的目标进行核攻击和常规攻击，以及战场遮断、近距空中支援等任务。1954年6月22日，

图60

该机的第一架原型机 XA-4A 腾空而起，进行了首次试飞。其最初的生产型 A-4A 于 1956 年 10 月进入部队服役。

A-4 采用后尾式三角翼气动布局，机长为 13.07 米，翼展 8.38 米，机高 4.62 米，动力装置为一台 J65-W-16A 涡轮喷气式发动机，推力约 3493 千克。后来的改进型换装了推力更大的 J52 发动机。例如，其发展型 A-4M 在外形尺寸没有多大变化的情况下，用一台推力达 5080 千克的 J52-P-408A 涡喷发动机作为动力装置，使其性能有了较大的提高，最大起飞重量达到 11 110 千克，载弹量 4160 千克，最大平飞速度 1080 千米/小时，实用升限 12 500 米，转场航程 3300 千米。该机机头处还设置了空中受油管，可由中、大型加油机为其实施空中加油，或者在两架 A-4 飞机之间进行伙伴加油。

该机价格低廉、性能适中、维护简单，是非常受中小国家和第三世界国家喜爱的一种军用飞机。由舰载型改为空军型的陆基攻击机之后，A-4 的结构重量减轻，性能还有所提高。这种飞机先后被澳大利亚、新西兰、以色列、新加坡、阿根廷、马来西亚、泰国、黎巴嫩、突尼斯、科威特、巴西等国购买。它主要用于执行空军所担任的近距空中支援、浅近纵深遮断、对海上和岸上目标进行常规轰炸等任务。

A-4飞机有多种改型，道格拉斯公司根据美国军方和国外用户的要求，先后改进出了A-4A、A-4B、A-4C、A-4E、A-4F、A-4G、A-4H、A-4K、A-4M、A-4N等型号，以及TA-4F、TA-4J、TA-4K、TA-4S等双座教练机。另外，美国还研制了一种代号为EA-4F的电子对抗型飞机。

美国 A-6 "入侵者" 强击机

1957年5月，美国海军提出了一个研制双座全天候舰载强击机A-6（图61）的计划。该型机由美国杜鲁门公司研制。1960年4月，第一架A-6原型机面世，并开始试飞。1963年1月，该机的生产型A-6A进入部队服役。绰号为"入侵者"。

A-6A的"个头"要比A-4大许多，但二者的动力装置是一样的，都配备了J52涡喷发动机。只不过A-4装的是单台发动机，而A-6A则采用双发。这样做的好处是后勤保障比较方便，使用上也很经济。

图61

该机采用双发、并列双座、悬臂中单翼的常规后尾式布局，头大而尾细。两台发动机位于主翼的下方。机翼的后掠角较小，1/4弦线后掠角为25°。它的机长为16.64米，翼展16.15米，机高4.75米。其动力装置为两台普·惠公司生产的J52-P-8A涡喷发动机，单台推力4220千克。该机的最大起飞重量可达27 500千克，最大平飞速度926千米/小时，实用升限12 700米，作战航程2600千米，转场航程 4630 千米，续航时间 3 ~ 4 小时。

A-6 在机头天线罩内安设了两部雷达，一台搜索雷达，另一台是地形测绘雷达 (后改为更先进的 AN/APQ-148 导航 / 攻击雷达)。除了雷达外，它还配备有比较先进的数字式弹道计算机、大气数据计算机、惯性导航系统、自动驾驶仪、综合电子装置、告警系统、敌我识别器、电子干扰机等机载系统。由于机载的电子和武器系统比较复杂，需要有专人来操作。该机的驾驶舱内设有并列的两个座位，机载乘员 2 人，一名是驾驶员，另一名是领航员。

图 62

A-6 机共有五个挂架，机身下一个，翼下 4 个。每个挂架能挂 1600 多千克的载荷，最大载弹量达 8165 千克。可携带普通炸弹、集束炸弹、空对地导弹、反舰导弹 (图 62)、反辐射导弹、空对空导弹等武器，对地攻击的火力较强。

从 20 世纪 60 年代初至今，A-6 "入侵者" 及其改进型一直是美国海军重要的舰载攻击机之一。格鲁门公司先后为美国海军改进出 A-6A、A-6B、A-6C、A-6E、A-6E/TRAM、A-6F、A-6G 等型。

美国 A-10 "雷电" 攻击机

A-10 "雷电" 攻击机 (图 63) 是一种近距离支援飞机，专门用于反坦克作战。A-10 采用了非常规的机身设计，具有很强的低空操作和生存能力。机身的宽大机翼，使它在低速掠过战场时有很高的机动性能，而座舱和武器舱外的钛合金装甲可以保护它不受地面火力的伤害，专门用于对付地面坦克装甲车辆。

A-10 于 1972 年首次试飞，1975
年装备部队，到目前为止一共有 721
架 A-10 攻击机在美国空军服役。由美
国费尔柴德共和公司研制。机载乘员
1 人。动力装置为 2 台通用电气 TF34-
GE-100 涡轮风扇发动机，单台推力
40.38 千牛。

图 63

该机翼展 17.53 米，机长 16.26 米，机高 4.47 米，最大起飞重量 22 680
千克。实用升限 11 000 米，低空时最大速度 706 千米 / 小时，作战半径
460 ～ 1000 千米，转场航程为 4026 千米。起飞滑跑距离 610 米，着陆滑
跑距离 325 米。

主要武器装备为机鼻处的 1 台大破坏力的 30 毫米 7 管机炮，每分钟
能发射贫铀弹 2100 发。与 AGM-65 小牛空地导弹或激光制导炸弹结合使
A-10 更具攻击力。

A-10 "雷电" 攻击机曾在海湾战争中摧毁了大量伊拉克坦克。但威风
凛凛的它必将完全被 F-16 战斗机所代替。

美国 F-111 攻击机

F-111 是一种超声速战斗轰炸机（图 64），主要用于在夜间和复杂
气象条件下对敌纵深执行常规和核攻击任务。F-111 机翼的后掠角度在
16° ～ 72.5° 之间，起降和巡航飞行时机翼向两侧平伸，可以产生较大的
升力。进行突防和攻击时，机翼向内收缩，处于 70° 左右的大后掠角位置，
便能提高飞行速度。由于 F-111 的独特设计，使其成为世界上第一种可用

图 64

于实战的后掠翼超声速战斗轰炸机。

F-111 于 1962 年开始设计，1964 年 12 月第一架原型机试飞，1967 年 10 月首批生产型正式交付使用。由美国通用动力公司研制生产。先后有 A、B、C、D、E、F、K 和 FB-111A 等主要战斗型别，各型机共生产 562 架。除美国空军外，澳大利亚空军也装备了该型机。

各型别稍有差异。以 F-111E 为例：机载乘员 2 人，动力装置为 2 台 TF30-P-7 型涡轮风扇发动机，每台发动机可提供推力 56.45 千牛，加力推力 93.35 千牛。翼展后掠角 72.5° 时为 9.74 米，后掠角 16° 时为 19.2 米，机长 22.40 米，机高 5.22 米，最大起飞重量为 45 360 千克。实用升限 15 500 米，最大平飞速度时马赫数为 2.2(11 000 米高)，作战半径 1100～2100 千米，最大转场航程 10 000 千米。起落滑跑距离都是 900 米。主要武器装备为 1 门 20 毫米 M-61A1 六管机炮，有 8 个外挂点，可挂载 6 枚 AIM-54 远距离空空导弹或炸弹、核弹等。

欧洲"美洲虎"攻击机

"美洲虎"(图 65)是由英国和法国联合研制的双发超声速歼击轰炸机。主要包括 A(单座攻击型)、B(作战教练型)、E(高级教练型)、M(单座舰载型)、S(支援型)在内的六种型号。"美洲虎"是世界上最早配备激光测距仪的飞机之一，曾一度引起世界航空界的关注。

1968 年原型机首次试飞，1972 年 5 月和 1973 年 6 月分别开始装备法国空军和英国空军。由英国飞机公司和法国达索公司合作研制。

攻击型"美洲虎"A 机载乘员 1 人。动力装置为 2 台"阿托尔"102

图 65

涡轮风扇发动机，单台最大推力为 22.30 千牛，加力推力为 31.85 千牛。

该机翼展 8.69 米，机长 15.52 米，机高 4.89 米。实用升限 14 000 米，最大平飞速度马赫数为 1.5，巡航速度 690 千米 / 小时，作战半径为 835 ~ 1315 千米，转场航程为 4200 千米。起飞滑跑距离为 565 米，着陆滑跑距离为 470 米。

装备 2 门 30 毫米机炮，机身和机翼下有 5 个挂架，可选挂 2 枚 AS37 空地导弹，2 枚 B550 或 AIM-9D 空空导弹，还可携带各种自由下落、慢降和集束炸弹、空地火箭、反辐射导弹、战术核武器、侦察吊舱。

苏联苏 -24 "击剑手" 攻击机

苏 -24（图 66）是一种可以携带常规武器和核武器进行精确投弹的全天候低空超声速攻击机，由苏联苏霍伊设计局设计制造。苏 -24 有极其大

图66

空中雄鹰战机

的载油量，使它能深入敌军阵地攻击。与同种用途的"狂风"攻击机相比，苏–24几乎比它强一倍。

原型机于1974年首次试飞，1983年开始装备部队。除装备苏联外，苏–24还被卖到伊朗、伊拉克、利比亚和叙利亚等国。

机载乘员2人。动力装置为2台留利卡AL–21F–3A补燃涡轮喷气发动机，单台最大推力为76.93千牛，加力推力为112.7千牛。

该机机翼全收拢时翼展10.36米，全展开时17.64米，机长24.59米，机高6.19米，最大起飞重量35 000千克。实用升限16 500米，高空最大速度2317千米/小时，低空最大速度1320千米/小时。

主要武器装备为1台GSh–6–23 23毫米六管机炮，9个外挂点可挂载AS–7、AS–10、AS–12、AS–14空地导弹，以及各种炸弹、小型核弹等。

苏–24的体积较大，机身宽而修长，安装了2台涡轮喷气发动机和一个可以容纳2人的并排座驾驶舱。它的变掠翼有很大的变掠范围，当其全部展开时可以获得很高的机动力。

苏联苏–25"蛙足"攻击机

苏–25（图67）是一种被设计成在低空对地攻击以支援地面部队的单座亚声速攻击机，由苏联苏霍伊设计局设计制造。苏–25拥有24毫米厚的钛合金装甲，用以保护机舱和其他重要部件免受地面火力的伤害，而油箱则用一层防火泡沫保护，以防止爆炸，具有良好的装甲防护，提高了对地攻击的安全性。

原型机于 1977 年首飞，1981 年开始装备苏联空军，至 1988 年，共装备约 270 架。

机载乘员 1 人。动力装置为 2 台 R-195 涡轮风扇发动机，单台推力为 44.1 千牛。

图 67

该机翼展 14.36 米，机长 15.53 米，机高 4.8 米，最大起飞重量 17 600 千克。实用升限为 12 200 米，攻击速度为 690 千米 / 小时，海平面最大速度 975 千米 / 小时，作战半径为 315 ~ 555 千米，转场航程为 2150 千米。

主要武器装备为 1 台 A0-17A30 毫米双管机炮（配有 250 发炮弹），10 个外挂点可挂载 Kh-23、Kh-25、Kh-29 空地导弹、激光制导炸弹、集束炸弹、S-5 57 毫米火箭、S-8 80 毫米火箭、S-24 240 毫米火箭、S-25 330 毫米火箭、Gsh-23 23 毫米双管机炮吊舱（每管 260 发炮弹）、R-3S/60 空空导弹等。

苏联苏 -17 "装配匠" 攻击机

苏 -17（图 68）的原始设计叫 "Su-7"，是一种载弹量小，作战半径短的攻击机。后来苏霍伊设计局对其进行了重新设计，增加了变掠翼来改进其性能和增加航程。主要用于对地攻击，必要时也可执行空战任务。苏 -17 载有多种特种装备，最突出的特点是装备了 "塔康" 战术导航系统。

苏 -17 由苏联苏霍伊设计局设计制造，1966 年首次试飞，1972 年开始服役，至 1986 年苏联空军装备约 1190 架，海军装备约 65 架。

机载乘员 1 人。动力装置为 1 台 AL-2lF-3 补燃涡轮喷气发动机，推力为 76.44 千牛，加力推力为 109.8 千牛。该机机翼展开时翼展为 13.8 米，

图 68

收拢时为 10 米，机长 18.75 米，机高 5 米，最大起飞重量为 17 800 千克。实用升限为 17 000 米，最大平飞速度为 2220 千米 / 小时，巡航速度为 800 千米 / 小时，作战半径为 400 ～ 700 千米，转场航程为 2800 千米。起飞滑跑距离为 800 米，着陆滑跑距离为 600 米。

主要武器装备为 2 台 30 毫米 NB-30 机炮，每台 70 发炮弹，8 个外挂点可挂载 AS-7、AS-10 空地导弹及各种常规炸弹、火箭等。

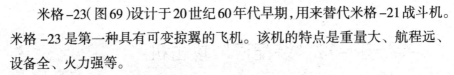

苏联米格 -23 "鞭打者" 攻击机

米格 -23（图 69）设计于 20 世纪 60 年代早期，用来替代米格 -21 战斗机。米格 -23 是第一种具有可变掠翼的飞机。该机的特点是重量大、航程远、设备全、火力强等。

原型机于 1967 年首次试飞，于 1973 年开始装备部队，出口华约各国及印度、越南等 10 多个国家，后来成为独联体空军和防空军的主力攻击机。由苏联米高扬 – 格列维奇设计局设计制造。

机载乘员 1 人。动力装置为 1 台 R-35-300 补燃涡轮喷气发动机，最大推力为 81.34 千牛，加力推力为 122.5 千牛。

机翼全部张开时翼展 13.97 米，全部收起时 7.78 米，机长 16.71 米，机高 4.82 米，最大起飞重量为 18 810 千克。实用升限为 17 800 米，最大平飞

图 69

速度为 2500 千米 / 小时，作战半径为 850 ~ 1160 千米，转场航程为 2900 千米。起飞滑跑距离为 530 米，着陆滑跑距离为 800 米。

主要武器装备为 1 台 GSh-23L23 毫米双管机炮，配备 200 发炮弹，5 个外挂点，可挂载 4 枚 AA-7、AA-10 或 AA-8 空空导弹或空地导弹、炸弹等。

苏联米格 -27 "鞭挞者" 攻击机

米格 -27（图 70）是米格 -23 的地面攻击改进型。米格 -27 安装了 PRNK-23K 导航攻击系统，该系统提供了自动飞行、武器投放和机炮瞄准等功能。该系统还有一套全天候作战系统，并有一定的编程能力。

原型机于 1973 年首次试飞，于 1978 年开始装备部队。由苏联米高扬 - 格列维奇设计局设计制造。机载乘员 1 人。动力装置为 1 台 R-29B-300 补燃涡轮喷气发动机，推力 98 千牛。

该机机翼全展开时翼展为 13.97 米，全收拢时为 7.78 米，机长 17.08 米，机高 5 米，最大起飞重量为 17 750 千克。实用升限 15 250 米，最大平飞速度为 1885 千米 / 小时，最大航程为 1000 千米。

图 70

主要武器装备为 1 台 GSh-6-0 30 毫米双管机炮，配备 260 发炮弹，可挂载 R-3S 或 R-13M 空空导弹、Kh-23 或 Kh-29 空地导弹、火箭、汽油弹以及其他制导武器。

俄罗斯苏 –34 攻击机

苏 –34（图 71）是苏 –27 系列在 20 世纪 80 年代末发展出来的攻击机型，原来称作苏 –27IB。苏 –34 被用来在世纪之交代替俄罗斯的苏 –17、苏 –24 和米格 –27。苏 –34 最明显的改进之处是前机身变得平而宽了。机鼻内安装了一种新的用于地形匹配和低空攻击的多制式相控阵雷达。在机身后部的尾管安装了一部 NIIP NO–12 后视雷达来监视后方敌机的动静，并根据需要引导 R–73 近程和 R–77 中程空空导弹攻击目标。由俄罗斯苏霍伊设计局设计制造。

机载乘员 2 人。于 1993 年首次试飞，于 1997 年开始服役。动力装置为 2 台 Lyulka AL–31MF 补燃涡轮风扇发动机，单台推力 130.3 千牛。

该机翼展 14.7 米，机长 21.94 米，机高 5.93 米。空载重量为 23 250 千克，最大起飞重量为 44 360 千克。实用升限 29 808 米，高空速度 2500 千米 / 小时，低空速度 1400 千米 / 小时。最大航程 4000 千米，有空中加油时无航程限制。

图 71

主要武器装备为 1 台 GSh-30-130 毫米机炮 225 发炮弹，11 个外挂点可挂载 SPPU-2223 毫米六管炮（图 72）和 140 发炮弹、R-77 空空导弹、R-73R 空空导弹、Kh-29/L 空地导弹、Kh-31/P 空地导弹、Kh-59 空地导弹、Kh-59M 反舰导弹、Kh-15PM 反舰导弹、

图 72

FAB-250ShN/500ShN 炸弹、RBK-500 箔条发射器、BETAB 反工事炸弹、PTAB-M 反装甲弹 /ShOAB-0.5 反步兵炸弹、FAB-250M/500M 制导炸弹和 FAB-250M1 激光制导炸弹。

法国"超军旗"攻击机

"超军旗"（图 73）是一种单座轻型舰载攻击机，由法国达索公司研制生产。是法国海军航空母舰上服役的唯一的一种固定翼攻击机。主要任务是对舰队实施空中掩护，保护舰队不受敌海军舰只的攻击。1982 年英阿马岛战争中，"超军旗"以携带"飞鱼"式空舰导弹击沉价值上亿美元的英国"谢菲尔德"号驱逐舰而名声大振。

图 73

该机 1974 年首次试飞，共生产 85 架，其中装备法国海军 71 架，出口阿根廷海军 14 架。机载乘员 1 人。动力装置为 1 台 8K-50 涡轮喷气发动机，推力为 49 千牛。最大平飞速度为 1060 千米 / 小时，最大爬升率为 6120 米 / 分，实用升限为 13 700 米，作战半径

为720千米，转场航程为3000千米。起飞滑跑距离为700米，着陆滑跑距离为500米。

最大起飞重量6450千克，最大武器载荷2100千克，可选挂2枚R550空空导弹，1枚AM39"飞鱼"空舰导弹或2枚"马特拉"空空导弹，也可携带核弹1枚。装备"龙舌兰"雷达和惯性导航系统，具备全天候对舰对地攻击能力。

1982年5月4日中午时分，阿根廷海军的一架"超军旗"战斗机在距英舰40千米处，突然跃升到150米左右的高度，迅速发射一枚"飞鱼"导弹，随着一声惊天动地的巨响，造价高达二亿多美元的"谢菲尔德"号于次日下午沉没。"超军旗"用空舰导弹击沉军舰，在世界海战史上开了一个先例。

法国"幻影"Ⅳ攻击机

在20世纪50年代早期，法国提出了对机载战术核武器的需要，于是在1956年对"幻影"Ⅲ型做出了改进计划。到1968年为止一共有62架"幻影"Ⅳ（图74）服役，每架都能携带一枚战术核弹。改进的部分包括重新设计的机舱显示器，航空电子设备，计算机系统和携带法国生产的ASMP战术核巡航导弹。

图74

第一架"幻影"Ⅳ–A原型机于1959年6月7日试飞。后来又制造了三架比原先更大更有代表性的原型机。1964年"幻影"Ⅳ加入现役。

该型飞机由法国达索公司研制，机载乘员2人。动力装置为2台斯奈克玛"阿塔"9K–50补燃涡轮喷气发动机，单台推力 68.6 千牛。

该机翼展为 11.85 米，机长 23.5 米，机高 5.65 米，重量为 31 600 千克。实用升限 20 000 米，高空速度 2338 千米/小时，低空速度 1350 千米/小时，航程为 2480 千米。

主要武器装备为超级 530D/Matra Magic "魔术"空空导弹，电子战舱，或 1 枚 ASMP 战术核导弹。

意巴 AMX 攻击机

1981 年 1 月，意大利、巴西两国正式着手研制 AMX。 1984 年 2 月 12 日，第一架原型机出厂，5 月 15 日首次试飞成功（图 75）。

1988 年 3 月 29 日，第一架生产型 AMX 交付给意大利空军进行作战试验。5 月 11 日，该机作了 65 分钟的首次飞行。随后，意、巴空军的飞行中队开始陆续装备 AMX 强击机。

该机是专为对地攻击而设计的，但在使用上有较大的灵活性。它的主要使命是执行近距空中支援和战场遮断任务，但也可以根据需要担负反舰、海岸巡逻和纵深侦察等其他任务。

图 75

该机采用水滴型座舱，下视界为 18°，侧视界也较好。座舱内的所有显示器和控制器都位于适当的部位，平视显示器能提供各种重要的导航及攻击参数，从而可使飞行员的工作负担减至最低。

该机维护简单、适应性强、起降性能好，接到命令后可迅速升空。它采用"视情维修"观念，减少了飞机的维修时间。机内还装有中央维护控制台和记录系统，可以快速检测出并排除故障。与其他现役战斗机相比，AMX 的全寿命费用是比较低的。

AMX 采用常规的后尾式气动布局。其机翼为上单翼，三个起落架均收入机腹内，以便于在机翼下挂装各种武器。该机翼展 8.87 米，机长 13.58 米，机高 4.58 米，翼面积 21 平方米。机翼前缘后掠角 31°，下反角 3°，采用适于低空跨音速飞行的超临界翼型，后缘装双开缝"富勒"襟翼，前缘带有两段缝翼。

其机头内装有"指针"式测距雷达和其他电子设备，前机身左侧配置有一门 20 毫米 6 管 M61 机炮（巴西空军则选用两门 30 毫米"德发"航炮）。

图 76

翼尖、翼下和机腹共有 7 个外挂点，能携带激光制导炸弹（图 76）、集束炸弹、普通炸弹、空对地导弹、反辐射导弹、红外空对空导弹等，可应付各种类型的武器。其最大载弹量达 3800 千克。

该机装一台罗·罗公司生产的非加力型 MK807"斯贝"发动机，最大推力 5010 千克。其推重比并不高，只有 4.6 ～ 4.7，但它的可靠性较好，油耗较低，比较适用于强击机。

该机的最大起飞重量达 12 750 千克，最大平飞 M 数约为 0.86，实用升限 13 000 米，起飞滑跑距离约 950 米，转场航程 3150 千米。其作战半径视外挂和作战剖面的不同而有所不同，在 370 ～ 1390 千米之间。

AMX 的操纵系统相当复杂，它装有两套相互独立的液压管路、两组由计算机控制的电传操纵系统和一套机械操纵系统。这样，在飞机遭到攻击时，液压和电传系统完全失效的情况下，仍能继续维持飞行。可以说 AMX 的设计，达到了简单与复杂二者间的巧妙平衡。

F-117A 攻击机

F-117A（图77）是美国洛克希德·马丁公司花了五六年的时间秘密研制的。它虽然以"F"打头，但实际上是攻击机(A)而不是战斗机(F)。

1981年6月18日，首架预生产型F-117A试飞成功。1982年8月23日，世界上第一种隐身作战飞机交付部队使用。到1990年停产时，总共向军方提供了5架预生产型和59架生产型。

F-117A的翼展为13.21米，机长20.09米，机高3.78米，动力装置为两台F404-GE-F1D2非加力型涡扇发动机。其最大起飞重量为21 800千克，最大使用速度M数0.9，作战半径1060千米，限制过载+6克。

图77

该机的座舱位于"金字塔"的最顶端，飞行员只能度过几个小块的平面挡风玻璃来观察外界，视线很不好。它的进气道设在机翼上方，其整个外形的走势与机体、机翼的变化基本一致，具有60°的斜面。进气口内安装有网状的格栅。这种进气口的设计可以大大降低飞机对雷达波的反射率。

图78

格栅式进气道（图78）的另一个好处是，对气流可起到"梳理"、导直的作用，在20°迎角的范围内，都能向动力装置提供无畸变气流，发动机不容易出现喘振等问题。不过，该进气口的缺点也很明显，阻力大，总压恢复系数低，从而减小了发动机的推力，影响了飞机的总体性能。

该机的排气系统采用向后倾斜的二元喷口，喷口内设有一组叶片。这样的排气装置除了能减小飞机的雷达和红外信息特征外，还能降低噪声，并可利用尾喷流的偏转为飞机提供横侧操纵力矩。

为了保证飞机的低可探测性效果，该机不但在机体上涂了一层先进的吸波涂料，而且几乎所有的舱门和口盖都带有锯齿状边缘，以防止雷达波的反射。

在执行纵深突击任务时，是不允许在 F-117A 的机翼和机身下外挂武器的，否则的话，它的雷达反射截面积就与常规的"幻影"2000 差不多了，所有的隐身措施都将失去效果。该机在机腹内设置有一个弹舱，机内最大载弹量为 2268 千克，其基本武器配备是：两枚 908 千克的 BLU-109B 激光制导炸弹。当然，也可根据需要，挂装其他型号的炸弹、空对地导弹、反辐射导弹或空对空导弹等。

采取上述这些技术对策后，使 F-117A 获得了极佳的隐身效果，其雷达反射截面积只有 0.02 平方米左右。如果在夜间飞行，地面雷达和光学探

图 79

测系统都很难发现它。正因为该机拥有普通作战飞机所不具备的"匿踪"功能，美军往往派它执行重要而又危险的任务。

采用多棱锥体外形设计的 F-117A（图 79）的隐身性能固然不错，但它也因此而做出了牺牲：飞行阻力大、机动性差、载弹量小、视界不好。这样的飞机不适合作为战斗机使用，如果白天在近距离内被敌方战斗机发现，它将很难逃遁。所以，F-117A 一般都是在晚上活动，美军给它起了一个相当贴切的绰号——"夜鹰"。

Part 3
轰 炸 机

  轰炸机是用于对地面、水面目标进行轰炸的飞机。具有突击力强、航程远、载弹量大等特点，是航空兵实施空中突击的主要机种。

  轰炸机是一座空中堡垒，除了投炸弹外，它还能投掷各种鱼雷、核弹或发射空对地导弹。轰炸机可以分为轻型轰炸机、中型轰炸机和重型轰炸机三种类型。轻型轰炸机一般能装载炸弹3～5吨，中型轰炸机能装载炸弹5～10吨，重型轰炸机能装载炸弹10～30吨。现在世界上比较先进的轰炸机有俄罗斯的22M中型轰炸机，美国的B-52重型轰炸机。

概　述

　　1945 年 8 月 6 日 8 时 15 分，一枚代号"小男孩"的原子弹（图 82）在日本广岛的上空爆炸。顷刻间，广岛变成一片废墟，完成这一轰动世界的举动的就是美国 B–29 战略轰炸机。

图 82

　　轰炸机是专门用于对地面、水面实施打击，摧毁目标的飞机。可携带大量对地攻击武器，具有突击能力强、航程远的特点。轰炸机按载弹量可分为重型、中型、轻型轰炸机，也可按航程分为远程、小程、近程轰炸机。按执行任务范围分成战术轰炸机和战略轰炸机。战术轰炸机的功能已逐渐被战斗机、攻击机所取代，它们现在被统称为战术战斗机。轰炸机出现于第一次世界大战。第二次世界大战中各国都大量装备和使用轰炸机。B–29 轰炸机就是当时轰炸机的典型。它有 4 台活塞发动机，载弹 9 吨。顾名思义，战略轰炸机主要用于战略轰炸。

　　第二次世界大战后，轰炸机成为核弹的最早载体，发展很快。20 世纪 50 年代中期，美、苏、英等国都装备了喷气式轰炸机，如美国的 B–52 重型轰炸机，可载弹重为 18 ～ 26 吨炸弹或威力为 2400 万吨 TNT 当量级核弹，航程 1.6 万千米。60 年代超音速轰炸机也投入使用。这时轰炸机的轰炸模式都是高空轰炸。随着地空导弹的出现和战略导弹的发展，轰炸机一度停滞发展。60 年代末，可变翼超音速轰炸机问世。它具有低空高速突防能力，是现代战争的主力轰炸机，如美国的 B1 轰炸机，苏联的"逆火"式轰炸机。

　　轰炸机（图 83）最大的特点是有巨大的炸弹仓和挂弹量，所以装有多台大功率的喷气发动机。美国 B-29 轰炸机的外形巨大，载弹 3 吨。由于采用隐身设计，其雷达反射截面积只有 B52 轰炸机的千分之一，同时还有先进的电子干扰和抗干扰系统，其机载先进的雷达能避开对方防空网，实施全天候精确轰炸。这对防空系统构成

图 83

了极大威胁。现代轰炸机对地攻击武器主要是以导弹为主的精确制导武器，常规炸弹的作用逐渐在减少。

中国航空兵部队，于 20 世纪 60 年代开始装备国产喷气式轰炸机。

美国"马丁"B-10B 轰炸机

"马丁"B-10B（图 84）是由美国的格伦·卢瑟·马丁公司设计的一种全金属双发单翼轰炸机，1932 年开始研制，1934 年装备美国陆军航空兵部队。中国于 1935 年向马丁公司订购了 9 架该型机，1937 年运到后，马上就在上海虹桥机场展开训练。抗日战争爆发后，"马丁"B-10B 型飞机曾多次执行过轰炸侵华日军的任务。

该型机的翼展达 21.50 米，机长 13.63 米，机高 3.48 米，机上装有两台"塞克隆"式 9 缸气冷星型发动机，单台功率 775 马力。其最大速度为 383 千米/小时，升限 7300 米，航程 2140 千米，起飞重量 7430 千克，载弹量 1025 千克，机载乘员 4 名，自卫武器为 3 挺 7.62 毫米机枪。该机带有封闭式座舱和旋

图 84

转炮塔，其在外形上的最大特点是，机头处设有一个半球形的玻璃罩，领航员兼射击员位于该罩内，既利于对外观察，也便于对空中目标进行射击。

"马丁" B-10B 型机的最大飞行速度较高，航程较远，自卫火力也较强，属于当时中国空军最先进的轰炸机。所以，"空袭"日本的重要任务也就由它担任了。

美国 B-17 "飞行堡垒" 轰炸机

B-17 轰炸机（图 85）是美国陆军航空队在第二次世界大战期间使用的主要飞机之一。B-17 是世界上第一种高空轰炸机，在第二次世界大战的欧洲战场上被广泛使用，发挥过重要的作用。

原型机由美国波音公司研制，于 1936 年首次试飞，1940 年 3 月装备部队。共生产 A、B、C、D、E、F、G 等 7 种型号，各型号总共生产了 12 725 架。英国皇家空军也装备了该机。

图 85

机载乘员 10 人。动力装置为 4 台 R-1820-97 "塞克隆"活塞发动机，单台功率为 882 千瓦。

该机翼展 31.62 米，机长 22.70 米，机高 5.82 米，重量 29 710 千克。实用升限为 10 850 米，最大平飞速度为 462 千米／小时（高度 7620 米），巡航速度为 293 千米／小时，航程为 5472 千米。

装备 12 挺 12.7 毫米机枪，备弹 6380 发。

美国 B-25 轰炸机

B-25 型飞机（图86），是由北美航空公司于1941年研制成功的双发中型轰炸机，该机长16.48米，翼展20.60米，机高4.80米。机上配有两台功率为1700马力的14缸活塞式发动机。其最大飞行速度为507千米/小时，升限8230米，起飞重量12 292千克，载弹量1360千克，携带4枚227千克炸弹时的最远航程可达3800千米。机载乘员为4～5人，自卫武器为5挺机枪。

图86

美国 B-24 "解放者" 轰炸机

二战中使用最广泛的美国战略轰炸机是B-24"解放者"（图87），该机在欧洲战场、北非战场和太平洋战场四处出击，屡立战功。B-24由美国联合飞机公司于20世纪40年代初研制成功，它有多种改进型。其中，B-24J的翼展为33.52米，机长20.47米，机高5.48米。机上安装有4台普·惠公司生产的"双黄蜂"14缸气冷式活塞发动机，单台功率为1200马力。

图 87

它的最大速度可达 480 千米 / 小时，升限为 8500 米，起飞重量约 30 吨，载弹量 4 吨。机载乘员 8 ~ 12 名，配备有 10 挺自卫用的机枪。

美国 B-29 "超级堡垒" 轰炸机

第二次世界大战末期，最为著名的战略轰炸机是波音公司制造的 B-29 "超级堡垒"（图 88）。这种重型轰炸机于 1944 年投产并装备部队。

该机翼展 43.05 米，机长 30.18 米，机高 9.02 米，它安装有 4 具单台

图 88

功率达 2000 马力的 18 缸气冷星形活塞式发动机，起飞重量 64 吨，最大速度 576 千米 / 小时，升限 9700 米，航程 6600 千米。机载乘员多达 10 名，配备有一门 20 毫米航炮和 10 挺机枪。

它可携带9吨以上的炸弹对敌方目标进行轰炸。

B-29的航程远、载弹量大，非常适合执行战略轰炸任务。1945年8月6日和9日，向日本的广岛、长崎投掷原子弹，就是这种飞机所为。随着蘑菇云的升天，广岛、长崎两座城市的毁灭，世界进入了核武器时代。初现江湖便立下头功的B-29也因此而成为永载史册的飞机。

B-29轰炸机在日本显威，一战成名，深受美国军方青睐。第二次世界大战结束后，为了从军事战略上威慑苏联等东方国家，美国于1946年3月21日成立了战略空军司令部。归属于该司令部的第一种战略轰炸机，就是B-29"超级堡垒"。

苏联图-2式轰炸机

图-2式轰炸机（图89）是在苏联著名的飞机设计师图波列夫领导下研制成功的。

1942年7月，图波列夫受命领导"设计103"型飞机的研制工作，该机就是后来闻名于世的图-2轰炸机。经过一番努力，1943年，图-2型飞机终于在第166工厂研制成功，并很快就装备了苏联空军的轰炸机部队。该型机在第二次世界大战中表现优异，获得军方的好评。

图-2轰炸机的翼展为18.85米，机长18.80米，机高4.25米，起落架为后三点式。它装有两台什维佐夫M-82型14缸气冷星形活塞式发动机，单台发动机的功率约1850马力。该机的起飞重量为12 800千克，最大载弹

图89

量 3000 千克。机上配备的武器主要有两门 20 毫米航炮和三挺机枪。它的最大速度可达 550 千米／小时，升限约 9500 米，航程为 2000 千米。其尺寸、重量和性能与美军装备使用的 B-26 轰炸机相当。

美国 B-2A "幽灵"
隐身轰炸机

B-2A 是一种真正的隐形战略轰炸机（图 90）。B-2 看上去像一个扁平三角形，它有光滑的机身和圆整的边角，这是用来躲避雷达波的。发动机喷口隐藏在机翼的前缘下方，以减小红外信号。

图 90

该机从 1978 年开始研制，1989 年 7 月 17 日第一批 6 架原型机首次试飞，试验一直持续到 1997 年，2000 年完成部署。美国空军一共计划采购 20 架 B-2A。由美国诺斯罗普公司研制生产。

机载乘员 2 人。动力装置为 4 台通用电器 F118-GE-110 涡轮风扇发动机，单台推力 84.48 千牛。

该机翼展 52.43 米，机长 21.03 米，机高 5.18 米，最大起飞重量 168 634 千克。实用升限 15 240 米，最大平飞速度 764 千米／小时，航程 11 110 千米，经过一次空中加油航程可达 18 520 千米。

可携带包括 16 枚 SRAM Ⅱ 短距攻击导弹或 AGM-129 巡航导弹、16 枚 B61/B83 核弹、80 枚 Mk82 炸弹或 16 枚 Mk84 炸弹、36 枚 M117 燃烧弹或 36 枚集束炸弹或 80 枚 Mk36 水雷等。

美国 B-1B "枪手" 轰炸机

B1-B（图 91）设计于冷战时期，它的最初设计意图是高速突入苏联领空投掷核弹的战略轰炸机，但现在通常被认为是超声速低空轰炸机。B-1B的改进之处在于重新设计的翼根，改变了进气口，加强了起落架和使用了复合航空材料以减轻飞机重量。经过改进之后，B-1B 的载弹量高达 27 吨，是轰炸机载弹"冠军"。

1974 年 12 月 23 日 4 架 B-1A 原型机第一次试飞。1984 年 10 月 18 日首批 100 架 B-1B 交付空军，并于 1985 年 7 月正式在美国战略空军部队服役。由美国罗克弗尔国际公司设计制造。

图 91

机载乘员 4 人。动力装置为 4 台通用电气 F101-GE-102 补燃涡轮风扇发动机，单台推力 133.28 千牛。该机有修长的机身和最大 67.5° 翼间夹角的变掠翼，机翼在 15° 时翼展为 41.67 米，在 67.5° 时翼展为 23.84 米，机长 44.81 米，机高 10.36 米，重量 176 810 千克。

实用升限 18 300 米，最大速度为 2125 千米 / 小时，航程在 12 000 千米以上。

内置武器舱，主要武器装备包括常规炸弹、核弹、AGM-86 巡航导弹等。

苏联图-16 "獾"式轰炸机

　　图-16（图92）是一种高亚声速中程中型轰炸机，由苏联图波列夫设计局设计制造。1952 年 4 月 27 日第一架图-16 原型机试飞，它代表了 20 世纪 50 年代苏联的新一代轰炸机。在 1960 年生产线关闭前，生产了 2000 余架图-16。今天约有 130 架图-16 仍在俄罗斯服役，同时还被出口到埃及和伊拉克。

　　该机机载乘员 7 人，动力装置为 2 台 AM-3M 涡轮喷气发动机，单台推力 93.1 千牛。

　　该机翼展 32.99 米，机长 34.8 米，机高 10.36 米，最大起飞重量 75 800 千克。实用升限为 12 800 米。最大平飞速度 1050 千米/小时，巡航速度 865 千

图 92

米／小时，作战半径为 2300 千米，转场航程为 6000 千米。起飞滑跑距离为 1885 米，着陆滑跑距离为 2180 米。

　　主要武器装备是 7 门 AM–2323 毫米机炮，6 门成对放置，机鼻有 1 门。可挂载 AS–2、AS–5、AS–6 等空地导弹，经改装可挂 1 枚 2000 千克遥控炸弹，或鱼雷、水雷等。

苏联图 –160 "海盗旗"
轰炸机

　　图 –160（图 93）是苏联一种变后掠翼远程战略轰炸机，由苏联图波列夫设计局设计制造。该机机翼全展开时翼展 55.7 米，全后掠时 35.6 米，机长 54.1 米，机高 13.1 米。

　　原型机于 1981 年 12 月 19 日试飞，1992 年加入现役，一共制造了 18 架。

图 93

机载乘员 4 人。动力装置为 4 台 NK-321 补燃涡轮风扇发动机，单台推力为 133.3 千牛，加力推力为 217.6 千牛。最大起飞重量 275 000 千克。

　　该机实用升限为 15 000 米，最大平飞速度为 2220 千米 / 小时，巡航速度为 960 千米 / 小时，作战半径为 7300 千米，转场航程为 15 000 千米，最大航程为 12 300 千米。

　　主要武器装备是各种常规炸弹和核弹，20 枚 AS-15 空射巡航导弹和 Kh-15P 近程攻击导弹等，最大载弹量为 16 330 千克。

苏联图 -95 "熊" 式轰炸机

　　图 -95（图 94）是一种远程重型轰炸机，它的设计要求是要能在美国本土投掷原子弹。它是第一种也是唯一一种螺旋桨驱动的后掠翼飞机，也是世界上最快的螺旋桨飞机。图 -95 还有一种侦察机改型存在。

图 94

该机由苏联图波列夫设计局设计制造，1952年第一架原型机试飞，1956年服役。机载乘员7人。动力装置为4台NK-12MV涡轮螺桨发动机，单台推力10 874千瓦。

该机翼展51.1米，机长49.5米，机高12.12米。空载重量89 290千克，最大起飞重量154 000千克。实用升限15 000米，最大速度为925千米/小时，最大航程为12 550千米。

主要武器装备为机尾炮台1门或2门AM-2323毫米机炮，最多达16枚巡航导弹和各型常规炸弹及核弹。

法国"幻影"IV 攻击机

在20世纪50年代早期，法国提出了对机载战术核武器的需要，于是在1956年有了对"幻影"III型的改进计划。到1968年为止一共有62架"幻影"IV服役，每架都能携带一枚战术核弹。改进的部分包括重新设计的机舱显示器，航空电子设备，计算机系统和携带法国生产的ASMP战术核巡航导弹。

第一架"幻影"IV–A原型机于1959年6月7日试飞。后来又制造了三架比原先更大更有代表性的原型机。1964年"幻影"IV加入现役。

该型飞机由法国达索公司研制，机载乘员2人。动力装置为2台斯奈克玛"阿塔"9K-50补燃涡轮喷气发动机，单台推力68.6千牛。

该机翼展为11.85米，机长23.5米，机高5.65米，重量为31 600千克。实用升限20 000米，高空速度2338千米/小时，低空速度1350千米/小时，航程为2480千米。

主要武器装备为超级530D/Matra Magic"魔术"空空导弹，电子战舱，或1枚ASMP战术核导弹。

美国 B-57 "入侵者" 轰炸机

　　该机是一种全天候轻型轰炸机，由美国马丁公司研制。1953年7月20日第一架原型机首次试飞，1970年停产。各型机共生产403架（图95）。

　　机载乘员2人。动力装置为2台J65-W-5涡轮喷气发动机，单台推力为26.95千牛。翼展为19.49米，机长为19.96米，机高为4.75米，最大起飞重量为25 730千克。最大平飞速度时马赫数为0.82，巡航速度为770千米/小时，最大爬升率为1920米/分(海平面)，实用升限为14 630米，作战半径为1770千米，转场航程为4264千米。起飞滑跑距离为1650米。

　　装备8挺M3型12.7毫米机枪或改装4门M-39型20毫米机炮，备

图95

有炸弹舱，翼下有 8 个接弹架，可挂多种空对地武器。特种设备主要有 AN/ARN-6 无线电罗盘、AN/ARN-21 塔康导航设备、自动驾驶仪 M-1 及 MA-1 火控系统、AN/APW-11A 及 S-4 "肖兰" 导航轰炸雷达等。

美国 B-58A "盗贼" 轰炸机

该机是美国第一代超声速喷气式轰炸机。飞机机腹下吊装一个 "囊"，长 12.2 米，下半部可做副油箱使用，上半部根据任务的不同可装氢弹、炸弹及照相侦察或小型干扰设备（图 96）。

1949 年开始设计，1952 年 8 月签订生产合同。1959 年 12 月装备部队，1962 年停产，各型机共生产 116 架，现已退役。由美国康维尔公司研制。机载乘员 3 人。动力装置为 4 台 J79-GE-5B 涡轮喷气发动机，单台最大推力为 44.1 千牛，加力推力为 69.38 千牛。

翼展为 17.32 米，机长为 29.49 米，机高为 9.58 米，最大载弹量为 10 000 千克，最大起飞重量为 72 570 千克。最大平飞速度时马赫数为 2.09(高度 12 200 米)，巡航速度时马赫数为 0.9(高度 600 米)，最大爬升

图 96

率为 6000 米 / 分，实用升限为 18 300 米（无外挂），作战半径为 1575 千米，转场航程为 4850 千米。起飞滑跑距离为 1800 米，着陆滑跑距离为 1200 米。

装备 1 门 20 毫米六管机炮，武器舱可装 1 千万吨级的核弹，机翼下 4 个挂弹架可带 900 千克小型核弹。特种设备主要有 AN/ASQ–42V 轰炸导航系统、电子对抗系统、AN/ARC–68 高频通信电台、AN/ARC–74 超高频无线电接收机、机尾射击瞄准雷达和雷达警戒器等。

英国阿弗罗"火神"轰炸机

阿弗罗"火神"轰炸机（图 97）设计于 20 世纪 50 年代早期，当初是一种大型单垂尾三角翼高空远程轰炸机，后来却被当作低空轰炸机和战术侦察机使用。阿弗罗"火神"轰炸机于 1956 首次试飞，1960 年开始装备部队，1984 年正式退役，后来被"狂风"攻击机所取代。由英国 A.V.Roe 公司研制生产。

机载乘员 5 人。动力装置为 4 台"奥林帕斯"301 涡轮风扇发动机，单台推力 48.02 千牛。

图 97

该机翼展 30.18 米，机长 29.5 米，机高 7.92 米，最大起飞重量 77 112 千克，实用升限 16 765 米，最大速度 1030 千米 / 小时，最大航程 7640 千米，拥有 9525 千克的载弹量，包括常规炸弹和核弹。

1982 年 4 月，在即将退役的数星期前，"火神"轰炸机还参加了马岛海战。其中一些继续执行轰炸任务，而剩下的一些则被改造成输油管成了加油机。

德国 Ar-234 喷气式轰炸机

Ar-234 喷气式轰炸机（图 98）是由侦察机改装而成的。第二次世界大战期间，正当同盟国还在谨慎地进行第一架喷气式飞机的试飞时，德国几家飞机制造厂已开始成批量生产喷气式飞机了。阿拉多公司的 Ar-234 轰炸机是其中最早、也是最主要的一种。

1940 年秋，阿拉多公司作为研制喷气式轰炸机的主要承包商，开始了研制工作。数月后，1941 年初确定方案，并命名为 Ar-234。Ar-234 是世界上第一架喷气式轰炸机，有 A、B、C 三个系列。

Ar-234 机载乘员 1 人。动力装置为 2 台容克斯"尤莫"004B 涡轮喷气发动机，单台推力 8.8 千牛。

该机翼展 14.10 米，机长 12.63 米，机高 4.30 米，重量 8410 千克。实

图 98

用升限 10 000 米，最大平飞速度为 742 千米 / 小时，最大航程 1775 千米。

主要武器装备为 2 门 20 毫米口径机炮，可携带 1500 千克炸弹。

美国 B-47 "同温层喷气" 轰炸机

世界上第一种实用的喷气战略轰炸机，是由美国波音公司研制的 B-47 "同温层喷气"（图 99），该机于 1951 年夏季交付使用，1957 年 2 月停止生产，共生产 2060 架，是首批装备美国战略空军的中型轰炸机。B-47 的研制成功，是在德国人首先提出，但未付诸基础上，采用了 35° 后掠角，装有 6 台喷气发动机而制造的。

图 99

波音公司于 1946 年 4 月获得试制原型机的合同。1947 年 12 月，第一架 B-47 试飞成功，并于 1949 年 2 月创造了 3 小时 46 分飞行 3680 千米，平飞速度为 977 千米 / 小时的记录。

B-47 能够拥有高速度和远航程，除了机翼采用 35° 后掠角之外，还首次采用了薄型柔性机翼，发动机吊舱前伸，自行式起落架等，这些技术不仅可以减轻飞机结构重量，改善气动弹性性能，并使大型薄机翼上单翼飞机起落架收放问题得到了解决。

B-47 "同温层喷气" 机长 33.5 米，机高 8.5 米，翼展 5.4 米，总重为 93.02 吨；装有 6 台 J47-GE-23 涡轮喷气发动机，单台推力为 25.58 千牛，最大速度 1010 千米 / 小时，巡航速度 795 千米 / 小时，实用升限 12 340 米，航程 6500 千米，装有 3 门 20 毫米机炮，最大载弹量 9 吨，可乘 3 人，可挂一枚 45 030 千克的原子弹，也可携带常规炸弹和化学炸弹。

B-47 于 1966 年全部退役。该机虽然服役时间很短，但是由于它首先采用柔性机翼、前伸发动机吊舱以及自行式起落架，所以它仍然成为了轰炸机史上的一代名机。

苏联米亚 –4 "野牛" 轰炸机

米亚 –4 "野牛" 轰炸机（图 100）是远程战略轰炸机，1953 年首次试飞，1957 年开始装备苏联远程航空兵部队，共生产 110 架。至 1986 年，仍有 75 架服役。由苏联米亚西舍夫设计局研制。

米亚 –4 "野牛" 轰炸机机载乘员 6 ~ 8 人，动力装置为 4 台 AM–3g 涡轮喷气发动机，单台推力为 85.26 千牛。

翼展为 50.48 米，机长为 47.20 米，机高为 11.30 米，最大载弹量为 12 000 千克，最大起飞重量为 158 750 千克。最大平飞速度时马赫数为 0.85(高度 11 000 米)，巡航速度为 800 千米 / 小

图 100

时，最大爬升率为 900 米 / 分 (海平面)，实用升限为 13 700 米，作战半径为 4600 千米，转场航程为 11 250 千米，续航时间为 12 小时。起飞滑跑距离为 1800 米，着陆滑跑距离为 1500 米。

装备 10 门 23 毫米机炮，弹舱可携带炸弹、鱼雷、水雷，机腹下可挂一枚 AS–2 "鳟鱼" 式空地导弹。特种设备主要有 P6–4 轰炸瞄准雷达，1–PC0–70M 远距通信电台等。

苏联伊尔 –28 "小猎犬" 轰炸机

苏联伊尔 –28 "小猎犬" 轰炸机（图 101）属轻型轰炸机，由苏联伊留申设计局研制，主要用于对前线军事目标和水面舰艇进行战术轰炸。1947 年首次试飞，1949 年装备苏联空军和海军，东欧各国及朝鲜、埃及、叙利亚和印度尼西亚等国也曾使用。

机载乘员 3 人。动力装置为 2 台 BK–1A 涡轮喷气发动机，单台推力为 26.46 千牛，翼展为 21.45 米，机长为 17.65 米，机高为 6.20 米，最大载弹量为 3000 千克，最大起飞重量为 21 200 千克。

最大平飞速度为 900 千米 / 小时（高度 4500 米），800 千米 / 小时（海平面）。巡航速度为 500 ～ 600 千米 / 小时，最大爬升率为 900 米 / 分（高

图 101

度 3000 米），实用升限为 12 300 米，作战半径为 930 千米，转场航程为 2260 千米，续航时间为 4 小时 13 分。

装备 4 门 23 毫米 HP-23 机炮，弹舱内可携带 4 枚 500 千克炸弹或 12 枚 250 千克炸弹，也可挂载小型核弹，海军型可挂鱼雷。特种设备主要有轰炸雷达、光学瞄准具等。

苏联图-22M "逆火" 轰炸机

图-22M（图 102）是一种变后掠翼中程战略轰炸机，从早期后掠翼的图-22 轰炸机发展而来。图-22M 是俄罗斯一种配备战区核攻击系统的轰炸机，可对除葡萄牙和挪威以外的所有北约国家进行攻击。

该机由苏联图波列夫设计局设计制造，1969 年首次试飞，1974 年开始装备部队。目前大约有 280 架图-22N-3 在服役，大多数被俄罗斯海军作为岸基巡逻飞机使用。机载乘员 4 人。动力装置为 2 台 NK-25 补燃涡轮风扇发动机，单台推力为 127.4 千牛，加力推力为 196 千牛。

图 102

该机机翼全展开时翼展 34.28 米，全收拢时 23.3 米，机长 42.46 米，机高 11.05 米，最大起飞重量为 122 500 千克。实用升限 15 240 米，高空速度为 2000 千米/小时，低空飞行速度为 1050 千米/小时，作战半径为 2000 千米，转场航程为 5700 千米，续航时间为 4 小时 30 分。起飞滑跑距离为 1525 米，着陆滑跑距离为 900 米。

主要武器装备为 1 门 GSh-2323 毫米双管机炮，可挂载 Kh-15P 巡航导弹、Kh-22/27 反舰导弹、常规炸弹和水雷。它机身内的旋转武器舱可以携带 6 枚 Kh-15 导弹，机身下还可携带 2 枚 Kh-22 导弹，最后在翼下还可携带 2 枚 Kh-22 或 4 枚 Kh-15 导弹。

中国轰 -5 轰炸机

轰 -5 是一种亚声速轻型轰炸机（图 103），可以在各种复杂的气象、地理条件下进行战术轰炸及攻击任务。由中国哈尔滨飞机公司参照苏联的伊尔 -28 改进研制。

轰 -5 轰炸机 1966 年 9 月首次试飞，1967 年投入批量生产，1984 年停产。机载乘员 3 人，动力装置为 2 台 WP-5 甲型涡轮喷气发动机，单台推力为 26.5 千牛。

该机翼展为 21.45 米，机长为 16.77 米，机高为 6.20 米。最大平飞速

图 103

度为 902 千米 / 小时，巡航速度为 696 千米 / 小时，实用升限为 12 500 米，最大航程为 2400 千米，起飞滑跑距离为 980 米，着陆滑跑距离为 930 米。

主要武器装备为 3 门航炮，炸弹舱最大载弹量为 3000 千克，最大起飞重量为 21200 千克。

中国轰 –6 中程轰炸机

轰 –6 中程轰炸机（图 104）是中国西安飞机公司在苏联"图 –16"的基础上研制的高亚声速中程战略轰炸机。

轰 –6 中程轰炸机 1959 年开始研制，后来因为某些原因而停止了研究制造，1964 年 3 月恢复研制，1968 年 12 月原型机试飞，1969 年起小批量生产，并很快投入批量生产。

轰 –6 的最主要改型有轰 –6 丁 (反舰导弹发射机) 和轰油 –6(空中加油机)。轰 –6 丁 1981 年 8 月试飞，可以挂载 2 枚 C–601 反舰导弹。

机载乘员 7 人，动力装置为 2 台 WP–8 涡轮喷气发动机，单台推力 75

图 104

千牛。机长 34.8 米，翼展 34.2 米，机翼面积 167.55 平方米，机高 9.85 米，主轮距 9.78 米，最大平飞速度 1014 千米 / 小时，巡航时马赫数为 0.75。

正常起飞重量 72 000 千克，最大起飞重量 75 800 千克，正常载弹量为 3000 千克，最大载弹量 9000 千克。自卫武器为 7 门航炮，实用升限 13 100 米，最大航程 6000 千米，起飞滑跑距离 1670 米，着陆滑跑距离 1655 米。

中国歼轰 –7 战斗轰炸机

歼轰 –7 战斗轰炸机（图 105）是中国完全依靠自己的力量自行研制的双座双发多用途全天候超声速歼击轰炸机，可用于攻击敌方战役纵深目标，攻击交通枢纽、前沿重要海、空军基地、滩头阵地、兵力集结点等战场目标。由中国航空工业总公司西安飞机设计研究所设计，由西安飞机工业（集团）有限责任公司负责生产。

图 105

歼轰 –7 战斗轰炸机 1984 年开始研制。1988 年 12 月 14 日在阎良首次试飞成功，1998 年在珠海航展上首次露面，现已装备中国海军航空兵。

该机机载乘员 2 人，机长 22.32 米，翼展 12.70 米，机高 6.57 米，最大平飞速度时马赫数为 1.7，最大起飞重量 28 475 千克，最大外挂 6500 千克，作战半径（正常载弹）1650 千米，转场航程 3650 千米。

机载武器共 7 个外挂点。可挂载 C–801/802 反舰导弹，PL–5 系列格斗导弹、炸弹、火箭弹等。另有 1 门双管 23 毫米机炮。动力装置为斯贝 –202 涡轮风扇发动机（国产型称为“涡扇 –9”），推重比 5.05。

雷达与电子设备为多功能脉冲多普勒火控雷达，有较强的下视能力和快速识别目标能力。KF–1 型自动飞行控制系统，可实现自动驾驶、自动领航、航向预选、火控交联控制及高度底限等功能。另外该机还设有 GPS 卫星导航系统和综合电子干扰系统。

中国水轰–5 水上飞机

　　水轰–5（图 106）是中国哈尔滨飞机公司和水上飞机设计所按海军要求研制的水上反潜轰炸机。主要用于在中近海域执行海上侦察、巡逻、反潜任务，也可用于对水面舰艇的监视和攻击。经过改装，可用于森林防火与运输。

　　水轰–5 于 1968 年开始研制，共研制 4 架原型机，首架于 1975 年 5 月下水，1976 年 4 月 3 日首次试飞，1986 年交付使用。水轰–5 采用大展弦比高置上单翼，机翼上装有四台发动机，左右外翼下各有一个稳定浮筒，垂尾装在平尾端部。大长宽比机身腹部为船形，有双断阶，船身前部有抑波槽，两侧有挡水板，机身后段背部有炮塔，尾部有磁异探测器。装有供

图 106

上岸下水使用的可收放前三点起落架。

动力装置为 4 台 WJ–5 甲 (775) 涡轮螺旋桨发动机，单台最大功率 2316.8 千瓦，驱动为 4 叶螺旋桨。翼展 36 米，机长 38.9 米，机高 9.8 米，机翼面积 144 平方米，展弦比 9.0。

最大起飞总重 45 000 千克，正常起飞重量 36 000 千克，最大着水重量 39 500 千克。最大平飞速度 556 千米 / 小时，实用升限 10 250 米，最大航程 4900 千米，最大续航时间 11.55 小时。

主要机载设备有海上搜潜和攻潜用设备。武器为自导鱼雷、空对舰导弹、航空炸弹和深水炸弹。

Part 4
军用运输机

　　军用运输机是用于运送军事人员、武器装备和其他军用物资的飞机。具有较大的载重量和续航能力，能实施空运、空降、空投，保障地面部队从空中实施快速机动；它有较完善的通信、领航设备，能在昼夜复杂气象条件下飞行。有些军用运输机还装有自卫武器。军用运输机按运输能力分为战略运输机和战术运输机。战略运输机航程远、载重量大，主要用来载运部队和各种重型装备实施全球快速机动。战术运输机用于战役战术范围内进行空运任务。有的还具有短距起落性能，能在简易机场起落。

概　述

现代战争要求部队具有快速输运能力，但是，前提必须是拥有一大批军用运输机（图107）。

军用运输机是用于运送军事人员、武器装备和其他军用物资的飞机，能实施空运、空投、空降等各种军事任务，保障地面部队从空中实施快速行动。军用运输机具有载重量大、航行距离远、场地要求低等特点，并有完善的通讯、领航等设备，能进行全天候全地域飞行。军用运输机按照运输范围可分为战略运输机、战术运输机。战略运输机航程远，载重量大，负责运输部队和重型装备，保障军队进行全球性快速行动。战术运输机用于战役战术范围的空运任务，能在前线简易机场起飞和降落。

图 107

军用运输机与其他飞机的不同处是，机身舱门宽敞，可装运坦克、直升机等重型装备，舱门可分为前开、后开和侧开式舱门，机舱内的坦克汽车可以从前开式舱门和后开式舱门直接进出。运输机还带有各种起重设备、传送装置，便于迅速装卸。飞机起降对机场条件要求很低。军用运输机均采用上单翼布局，机翼上都设计有多种襟翼等增升装置，改善起降性能。

第一次世界大战后，军用运输机是在轰炸机和民用运输机基础上发展起来的。第二次世界大战中，空降、空投、空运行动频繁，促使军用运输机技术逐渐成熟。战后，由于飞机发动机功率的提高，使军用运输机的载重量成倍地增长。主要运输机有美制 C-130 大力神，苏制安 12，中国制造

的"运八"型运输机，欧洲的 C-160
等运输机，均使用涡轮螺旋桨发动机。

20 世纪 80 年代，美苏两国为
使部队具有全球作战能力，均研制
JCSA(银河式)和安 124、安 225 等重
型战略运输机，它们的有效载重量都
大于 120 吨，航速超过 850 千米/时，

图 108

第四章 军用运输机

航程大约有 4500 千米，实现了跨洲跨洋运输机械化部队的作战设想。而
美制 C17 式军用运输机（图 108）兼备战术战略运输能力，成为最新一代
军用运输机。

现役的军用运输机按照大小和用途划分，大致可分为战略运输机和战
术运输机两大类。根据其动力装置来划分，可分为螺旋桨式运输机和喷气
式运输机。

战术运输机主要用于在战役战术范围内进行空运、空降、空投等任务。
这类运输机多采用 2 ~ 4 台活塞式或涡轮螺旋桨发动机（也有个别的机型
选择了喷气式发动机，如日本的 C-1 等），它们的载重量较小（为 5 ~ 20 吨）、
航程也较短，但起降性能不错，可在前线简易机场使用。

按照载重量划分，战术运输机又可分为轻型和中型的两种。

图 109

轻型战术运输机（图 109）的载重
量在 10 吨以下，它们多采用两台螺旋
桨发动机或喷气式发动机。这类运输
机可充分利用螺旋桨滑流或发动机喷
流在翼面上产生的动力升力，因此其
起降性能和经济性较好，轻型战术运
输机中比较著名的机型有：意大利的
G.222，荷兰的 F.27MK400M，西班牙的 CN212，日本的 C-1，乌克兰的安 -26、
安 -32、安 -72/74，中国的运 7M 等。

中型战术运输机的载重量在 20 吨左右。它们的基本布局设计均采用
后尾式上单翼、双发或四台涡轮螺旋桨发动机（也有个别采用喷气式发动

机的）、低机身、后开舱门等设计方案。目前，使用较多的中型战术运输机有：美国的 C–130 "大力士"、苏联的安 –12 "幼狐"、中国的运 8 以及法国和德国合作研制的 C–160 "协同"等。

　　战略运输机主要用于在全球范围内载运部队和各种重型装备，实施全球快速机动。它们多以四台涡轮喷气或涡轮风扇发动机为动力（也有个别的机型采用涡桨发动机，如前苏联的安 –22)，其载重量很大 (40 ~ 150 吨)、载重航程较远 (5000 ~ 10 000 千米)，这类运输机由于吨位太大，必须依赖大型机场起降。战略运输机中比较著名的有：美国的 C–133 "运输霸王"（图 110)、C–141 "运输星"、C–5A "银河"，俄罗斯的伊尔 –76，乌克兰的安 –124 "鲁斯兰"、安 –225 "梦幻"等。

图 110

　　在战略运输机中，还有一种起降性能好、载重量较大、航程较远，既能执行远程战略运输任务，又能执行战术运输任务的机型，被称为战略 / 战术运输机。其典型代表是美国研制的 C–17。

　　战略运输机、中型战术运输机、轻型战术运输机在军队中各有不同的功能和作用，执行军事运输任务时，它们分别担负不同的运输使命。

　　如果将轻型战术运输机作为军用运输机体系的第一级，中型战术运输机作为第二级，大型战略运输机作为第三级的话，那么，苏联根据本国的情况，将这三级运输机全部包揽；美国出于全球战略的考虑，只研制和生产第二级和第三级；大部分的西欧国家由于国土面积不大，基本上不需要大型和超大型的战略运输机，他们要么采用美国制造的 C–130，要么选择德国和法国合作研制的 C–160 中型运输机作为其第二级，然后，定购一种轻型运输机作为第一级，至于第三级运输机，个别国家考虑少量引进（多瞄准 C–17、伊尔 –76 等），以备不时之需；而多数第三世界的国家，由于财力有限，往往只装备一种运输机。

荷兰 F.27 "友谊式"运输机

20 世纪 60 年代，由荷兰福克—联合航空技术公司研制的 F.27 双发涡桨式军民两用运输机（图 111），因性能优异、价格合理而畅销全球，有 60 多个国家、近 200 个客户使用过该型机。该机别称"友谊"。

"友谊"式飞机的翼展为 29 米，机长 23.56 米，机高 8.5 米。其动力装置为两台"达特"MK552 涡轮螺旋桨发动机，单台功率 2240 轴马力（1648 千瓦）。该机自投入生产以后，经过了多次改进改型，前后出厂的型别有：F.27 "友谊" MK100、F.27 "友谊" MK200、F.27 "友谊" MK400、F.27 "友谊" MK400M、F.27 "友谊" MK500、F.27 "友谊" MK500M、F.27 "友谊" MK600 等。其中，MK400M 和 MK500M 为军用运输型。MK400M 的最大起飞重量达 20 820 千克，最大载重量 6440 千克，正常巡航速度 480 千米 / 小时，

图 111

实用升限 9000 米，航程将近 2000 千米，最大续航时间 7 小时 25 分。

1983 年 11 月，福克·联合航空技术公司开始研制 F.27 的后继机——福克 50。该机的外形尺寸与 F.27 基本相当，但做了一些局部修改。其主要的变化是在电子设备、机体材料和动力装置上，换装了效率更高的 PW125B 涡桨发动机，更新了机载电子系统，采用了较多的复合材料，使其综合性能有了较大幅度的提高。

福克 50 双发涡桨式运输机于 1985 年 12 月第一次试飞，1987 年开始交付用户使用。该机的投产，使争夺世界运输机市场的擂台上，又出现了一个优秀的"选手"。

意大利 G-222 运输机

G-222（图 112）是意大利阿莱尼亚公司继承菲亚特公司的设计，于 1970 年研制成功，1976 年装备部队使用的一种双发涡桨式战术运输机。该机最大的特点是：作为一种小型运输机，其机身直径却相对较大，与美国空军使用的 C-130 中型战术运输机的机身直径比较接近，其货舱长度只有 8.58 米，但宽度达 2.45 米，高度为 2.25 米，容积 58 立方米，可以装运较大尺寸的军用物资。

图 112

G-222 运输机的翼展约 28.7 米，机长 22.7 米，机高 10.57 米。其动力装置为两台通用电气公司生产的 T64-GE-P4D 涡桨发动机，单台输出功率达 3400 轴马力。该机的最大平飞速度为 487 千米 / 小时，巡航速度 437 千米 / 小时，实用升限 7840 米，最大起飞重量 28 000 千克，最大荷载 9000 千克，最大载重航程 1260 千米，转场航程 4690 千米。它的起降性能较好，可在前线的简易机场使用。

1997 年 6 月，阿莱尼亚公司与美国洛克希德公司公布了一项军用飞机发展计划，两家公司准备联手，合作研制 C-27J 型（意大利称为 G-222J 型）战术运输机（图 113）。该机是在 G222 飞机的基础上改进的，它采用了美国 C-130J 运输机的货舱装卸系统、飞行控制系统和部分航空电子设备，动力装置更换为两台功率更大的 AE2100D3 涡桨发动机。其最大起飞重量增加至 30 000 千克，最大平飞速度提高到 565 千米 / 小时。另外，该机的航程和巡航升限等指标也提高了 30% 以上。首批生产型 C-27J 战术运输机于 2000 年开始交付。

图 113

C-27J 的载运能力大约为配备四台 AE2100D3 发动机的 C-130J 的一半，因此，完全可以将它看做是 C-130J "大力士"飞机的缩小型。这样一种运输机，将会对不少需要高性能轻型战术运输机的国家产生吸引力。

西班牙 C-212 运输机

C-212 "航空汽车"（图 114），由西班牙航空制造公司研制，它是一种短距起降性能较好的双发涡桨式多用途运输机。它可用作军用货机、伞兵运输机、救护机、教练机等。

该机采用后尾式上单翼气动布局，翼展 19 米，机长 15.15 米，机高 6.30 米。其动力装置为两台 TPE331-10B-511C 涡桨发动机，单台最大功率 912 轴马力。它的最大使用速度约为 370 千米 / 小时，正常巡航速度 350 千米 /

图 114

小时，实用升限 8500 米，最大航程 1760 千米，最大起飞重量为 7450 千克，最大载重量 2770 千克，可运载 23 名伞兵和一名教官。

"航空汽车"的原型机于 1971 年 3 月 26 日首次试飞成功，其生产型和改进型包括 C-212A、C-212AV、C-212B、C-212C、C-212E 以及 C-212-5100 系、C-212-200 系、C-212-300 系等型别。

该型机除西班牙本国使用外，还销往国外，出口到美国、比利时、瑞典、葡萄牙等发达国家和约旦、安哥拉、苏丹等第三世界国家。

美国 C-130 "大力士" 运输机

C-130（图 115）是一种四发涡轮螺旋桨式远程中型多用途战术运输机，绰号"大力士"。C-130 运输机是运输机家族的一员老将，它已经连续生

产了 40 余年，至今仍旧活跃在战场上。C-130 发展了许多改进型，如基本型 C-130A/B 型及 E/H 型，电子侦察型 EC-130，空中加油型 KC-130。

图 115

C-130 于 1951 年开始研制，1956 年 12 月生产型开始交付美国空军使用，由美国洛克希德公司研制生产。机载乘员 3 人。C-130E 动力装置为 4 台 T56-A-15 涡轮螺旋桨发动机，单台功率为 3313 千瓦。

该机翼展 40.41 米，机长 29.79 米，机高 11.66 米，机舱容积 165.5 立方米。

该机空重 34 170 千克，起飞重量 58 970 千克，最大载重 19 870 千克，运载量为 128 名全副武装的士兵，或 92 名伞兵，或一辆 12 吨的加油车，或 1 门 155 毫米榴弹炮，或一辆重型坦克。最大载重航程 4067 千米。最大巡航速度 620 千米/小时，实用升限 10 060 米，最大油量航程 7600 千米。

美国 C-141 "运输星" 运输机

C-141（图 116）是一种远程重型军用运输机，主要用于运送兵员和武器装备。具有航程远、载重量大等特点，可进行空中加油进行洲际空运任务，也可以实施远程快速机动空运。由美国洛克希德公司研制生产。

C-141 "运输星" 1961 年 3 月开始研制，1965 年 4 月开始交付美国空军使用，绰号 "运输星"。该机机载乘员 4 人。动力装置为 4 台 TF33-P-7 涡轮风扇发动机，单台推力为 93.40 千牛。

该机翼展 48.74 米，机长 51.29 米，机高 11.96 米。使用空重 67 970 千克，最大起飞重量 155 580 千克，最大载重 40 439 千克。可以载 154 名士兵或

图 116

124 名伞兵，或 80 名担架伤员及 8 名医护人员。还可以装载轻型坦克、卡车、火炮等重装备。

最大巡航速度 916 千米 / 小时（高度 7400 米），最大燃油航程 9920 千米。最大飞行速度为 916 千米 / 小时，转场航程可达 10 278 千米。起飞滑跑距离为 1770 米，着陆滑跑距离为 1128 米。

C-141 "运输星" 具有机动速度快、距离远的战略运输能力，所以一直备受重用。1964 年 4 月基本型 C-141A 首批订货 127 架，曾在越南战争中使用，在中东战争中曾为以色列空运过大批作战物资。在海湾战争和科索沃战争中，C-141 运输机与 C-5 运输机配合使用，组成一支混合战略空运力量，执行为美军空运大型武器装备和作战物资的任务。

美国 C-5 "银河" 运输机

C-5 "银河" 运输机（图 117）是美国空军最大的运输机，该机翼展为 67.88 米，机长 75.54 米，机高 19.85 米，两个机翼的总面积有 576 平方米，载重量是 100 吨，是 C-141 的两倍半，号称美国空军运输机中的运输冠军。C-5 "银河" 运输机是当今世界上使用最为广泛的运输机。

图 117

该机 1963 年开始研制，1970 年开始交付使用，美国空军共订购了 81 架。由美国洛克希德飞机公司研制。机载乘员 5 人。动力装置为 4 台 TF39-GE-1 涡轮风扇发动机，单台推力为 182.3 千牛。

最大平飞速度为 919 千米/小时，最大巡航速度为 815～871 千米/小时，实用升限为 10 360 米，最大爬升率为 762 米/分。起飞滑跑距离为 2530 米，着陆滑跑距离为 1070 米。

可运载 2 辆 M1 主战坦克，或 16 辆卡车，或 6 架 AH-64 武装直升机，或 10 枚潘兴导弹及发射车，或 345 名士兵。

法德 C-160 "协同" 式运输

C-160 "协同"（图 118）是由法国的航宇公司、梅伯布公司与德国的联合航空技术·福克公司等有关部门合作研制的一种双发涡桨式中型战术运输机。该机于 1959 年开始研制，1963 年 2 月首次试飞，1967 年交付两国的部队使用。

图 118

"协同" 式运输机采用后尾式、上单翼布局，机身为全金属半硬壳式结构，上翘的后机身下部可放下作为舱门和货桥。该机翼展 40 米，机长 32.40 米，机高 11.65 米，货舱长 13.51 米，宽度为 3.15 米，最大高度达 2.98 米，地板面积 42.6 平方米，机舱容积约 115 立方米。可用于运送部队、装备、车辆和各种军用物资。

C-160 运输机装有两台功率比较大的"苔茵"Rty.20MK22 涡桨发动机，单台最大功率达 6100 轴马力。由于动力强劲，其最大起飞重量可达 51 吨，最大载重量约为 17 吨，最大飞行速度 513 千米 / 小时，实用升限 8500 多米，转场航程 8858 千米。该机的性能与美国早期生产的四发螺旋桨运输机 C-130A 基本相当。

美国 C-17"环球霸王"运输机

C-17"环球霸王"（图 119）是美国 20 世纪 90 年代研制的重型战略战术运输机。它既可高载重远程运输，又可在战区机场跑道上起落，完成向前线运送补给的战术任务。由麦道公司研制生产。C-17 机尾上翘，有一扇左右打开的货舱门（含货桥跳板），装卸效率极高。C-17 装载的物资是 C-130 的 4 倍。C-130 卸载 15.4 吨的货物需 30 分钟，而 C-17 卸载 69.8 吨的货物所用时间还不足 30 分钟。C-17 拥有一个圆柱形机身，钝圆的机头处设 3 人机组驾驶舱，舱内有 4 个多功能显示器，2 台大气计算机，2 个全飞行状态平视显示仪和 1 套飞行控制系统。机身中段货舱尺寸为 26.82 米（长）×5.49 米（宽）×4.11 米（高），容积 592 立方米，可由一人操纵，自动将 18 个集装货柜约 78 吨

图 119

重的物资全部从空中投下，也可搭载 78 108 千克以下的各类大尺寸军用物资。它的最大起飞重量约 260 吨，最大载重 78 吨。该机主货舱可装两辆并列的 5 吨载重货车，3 辆并列的吉普车，装运 3 架 AH-64A 双击直升机。转场航程 8710 千米。

C-17 的尺寸接近 C-141，运载能力与 C-5 相近，而起降能力比 C-130 还要好一些。此外，C-17 能使用的机场数比 C-5 飞机多 5 倍以上。C-17 采用数字式电传操纵系统，装有完善的电子设备，包括新型显示装置、雷达告警系统和电子对抗吊舱等等。

苏联伊尔 -76 "耿直" 运输机

伊尔 -76（图 120）是一种四发中远程运输机，伊尔 -76 运输机最突出的特点就是能在严冬条件下完成任务。伊尔 -76 曾在西伯利亚中部和东部的恶劣条件下进行多次飞行试验，效果良好。

该机于 20 世纪 60 年代末开始设计，目前有 300 多架军用型伊尔 -76 在服役，还向印度、捷克斯洛伐克、波兰、伊拉克、利比亚、阿富汗、古巴等国出口 100 多架。由苏联伊留申设计局研制生产。

机载乘员 5 人。军用型动力装置为 4 台涡轮风扇发动机，单台推力 117.6 千牛。翼展 50.50 米，机长 46.59 米，机高 14.76 米，最大有效载荷 40 000 千克，最大起飞重量 170 000 千克。实用升限 15 500 米，最大平飞速度 850 千米 / 小时，最大巡航速度 750 千米 / 小时，最大载重航程 5000 千米。

图 120

主要机载设备有全天候起飞着陆设备，包括自动操纵系统和自动着陆系统计算机，机头雷达罩内装大型气象雷达和地面图形雷达。

苏联安 –124 "秃鹰" 运输机

安 –124 运输机（图 121）是苏联于 20 世纪 70 年代研制的一种 4 发重型远程运输机。该机大量采用复合材料，除主受力结构、主控制面外，大部采用了复合材料。复合材料总用量达 5500 千克，是使用复合材料最多的一种运输机。

安 –124 运输机于 1982 年开始研制，1988 年装备部队。由安东诺夫设计局设计制造。机载乘员 6 人。动力装置为 4 台 D–18T 涡轮风扇发动机，单台额定推力 229.3 千牛。

安 –124 机长 69.10 米，机高 20.78 米。机翼面积 62.8 平方米，最大载

图 121

重量为 150 000 千克。实用升限 12 000 米，最大巡航速度 865 千米 / 小时，最大航程 16 500 千米。起飞、降落滑行距离较短，起飞滑跑距离为 1200 米，降落滑跑距离为 800 米，可从压实的冻土地面上起飞。起落架可在地面升降，使飞机倾斜一定角度，便于装卸货物。

作为俄罗斯的主力运输机，安 -124 在俄军的两次车臣战争中都运送了大量的武器装备和人员，保证了俄罗斯在北高加索地区军事行动顺利进行。

美国 C-5A "银河" 运输机

为了在军用运输机制造业中独占鳌头，满足美军向海外运送重型装备和大规模部署兵力的需要。1965 年 10 月，洛克希德公司根据美国空军"灵活反应能力"和"战略空中机动"的要求，开始研制当时世界上最大的军用运输机——C-5A "银河"（图 126）。这种重型战略运输机于 1968 年 6 月 30 日成功地进行了它的首次处女航，经过短时间的检验试飞和局部修改，于 1970 年装备美军部队使用。

"银河"飞机的体积之大、载重能力之强，在相当长的一段时间内，没有比它更出色的，成为世界航空运

图 126

输界中的霸主。该机与 C-141 运输机一样也采用了上单翼、后尾式气动布局，但飞机的尺寸和货舱的直径却要大得多，并在世界上首次采用了机头和机尾都设置与货舱内部截面等宽的舱门（其机头可向上翘起），以便于快速地装卸货物，使重型车辆能够迅速地开进开出。

它的翼展宽 67.88 米，机长 75.54 米，机高 19.85 米；前上货舱长 11.99 米，

图 127

后上货舱长 18.20 米，下货舱长 44.09 米、宽 5.79 米、高 4.11 米；容积 985 立方米。其动力装置为四台高涵道比的 TF-39-GE-1 型涡轮风扇发动机（图 127），单台推力 18 600 多千克。

C-5A 的最大平飞速度与 C-141 差不多，大约为 920 千米 / 小时，而其最大起飞重量却要高得多，可达 350 吨。该机的最大燃油航程为 10 400 千米，最大载重航程 6000 千米左右，具备洲际飞行能力。它们是参与美军大规模海外派兵和空运重型装备的主力机型。

欧洲 A400M 军用运输机

为了打造一种适合欧洲国家使用的运输机，西欧的英、法、德等国家决定联合研制一种新机型，于是就提出了 A400M 军用运输机和研究计划。

根据欧共体国家参与联合国的救援与维和行动对运输机的需求，经过分析研究，设计部门认为，新型运输机应满足以下的基本战术技术指标：装载 20 吨货物时的航程在 6000 千米左右。主要的飞行使命是空投、救援物资运送、人员救援、运兵等。由于飞行的地区大多是机场条件较差的非洲和第三世界国家，因而要求飞机在土跑道上有良好的起降性能。

计划开发的 A400M（图 128）是一种介于战略运输机和战术运输机之间的机型。其最大起飞重量和最大载重要高于典型的战术运输机 C-130，而要低于 C-5A 战略运输机。它采用常规的上单翼后尾式气动布局，翼下吊挂四台 M138 型桨扇发动机，载重量在 25 ～ 37 吨之间。这样一种运输机用于欧洲和临近地区的空运就足够了。

图 128

与现役的战术型军用运输机相比，A400M 具有航程远、载重能力强、巡航速度大、可靠性高、维修性好等优点。它的机长为 42.2 米，翼展 41.4 米，机高 14.7 米，机翼面积 221.5 平方米。货舱的长度为 22.65 米，高度达 3.85 米，宽度为 4 米，货舱容积约为 356 立方米。可装载直升机（图 129）、导弹车、装甲车等大型装备。它的最大起飞重量超过 110 吨，最大载油量 64 030 升。该机一次可运送 120 名士兵。其最大战术装载为 29.5 吨，最大运输装载量达 37 吨，最大巡航速度为 M 数 0.68 ~ 0.72，最大转场航程 9080 千米，最大载重航程大于 5000 千米，起飞滑跑距离 1250 米，着陆滑跑距离 550 米。该机的一大特点是机腹离地高度很低，后舱门放下后可形成一个斜坡道，车辆可直接从地面驶入机舱。装运货物非常方便。

图 129

A400M 的设计和制造完全适用于欧洲，其机体的生产以"空中客车"公司为主，该机采用的 M138 桨扇发动机的核心机，是以法国"阵风"式战斗机使用的 M88 发动机为基础改型而成的。这种发动机具有功重比高、耗油率低等特点。其功率在 10 000 ~ 13 000 轴马力之间。

苍穹货轮——安-70

　　西欧国家合作开发的 A400M 运输机的大小和吨位与乌克兰安东诺夫设计局研制的安-70（图 130）差不多，而安-70 已抢先一步升空。虽说试飞不大顺利，因为与伴飞的飞机相撞而损失了一架原型机，影响了整个进度的发展，但对后来的发展没有太大的影响。

　　安-70 中型、宽体运输机是世界上第一种采用桨扇发动机的飞机，其动力装置为四台先进的 D-27 共轴反转式桨扇发动机，前后共有 14 叶螺旋桨（前 8、后 6），单台 D-27 的功率达 13 800 马力。这种发动机的螺旋桨直径较小，叶片较宽且呈弯刀形，给人的印象深刻。它具有耗油率低、起飞推力大、着陆推力变化大（反桨）、巡航速度比涡桨飞机高等优点，可以大大降低营运成本，改善运输机的效率。

图 130

该机于 1975 年开始研制，1994 年 12 月 26 日首次试飞成功。其机翼翼展达 44.06 米，机长 40.73 米，机高 16.38 米。它的货舱容积较大，约为 425 立方米。货舱长 22.40 米，最大宽度 4.80 米，最大高度 4.10 米，货舱地板长 19.10 米，宽 4.00 米，总面积约 89.0 平方米，可装载尺寸较大、吨位较重的车辆等货物。

安 –70 在设计上采用了大量复合材料（约占全机结构重量的 25%），使得机体重量大大减轻，经济效益有明显的提高。它的最大起飞重量达 132 吨，最大载重量为 47 吨，正常载重量约 35 吨，飞机的巡航速度为 780 ~ 800 千米 / 小时，巡航高度 9000 ~ 12 000 米，载重 30 吨时的航程约 5000 千米，载重 17 吨时的航程可达 8000 千米，起飞滑跑距离 700 米，着陆滑跑距离 900 米。机载乘员 2 ~ 3 人。

安 –70 虽然还没有装备部队使用，但在研制阶段已设计了多个改进型和发展型方案，以便根据用户的需要进行生产。其中，安 –70–100 为军用短距起降型；安 –70T 为商用运输机；安 –70T–100 为装两台 D-27 桨扇发动机（图 131）的缩小型；安 –70T–200 为换装两台 NK–93 涡扇发动机的改进型；安 –70T–300 为换装两台 CFM56–5C4 涡扇发动机的改进型；安 –70T–400 为换装四台 CFM56–5C4 涡扇发动机的加长型；安 –70TK 为客货互用型；安 –70TZ

图 131

为空中加油型；安 –77 军用出口型；安 –170 为升级型（由中型运输机发展为重型运输机）。

这种新一代的多用途运输机曾参加过 2000 年的珠海航展，并进行了精彩的飞行表演。该机以其漂亮的外形和优异的性能，吸引了观众的注意。

云汉飞舸——V-44

　　根据 21 世纪军事技术的发展和未来战争的需要，美国贝尔公司向五角大楼提出了一个 V-44 战术型（图 132）垂直 / 短距起降运输机方案。

　　该方案是建立在 V-22 倾转旋翼飞机的基础上的。它采用串列式气动布局，后翼的翼展比前翼稍大一些。在前后翼的翼尖处安装有四台可倾转的发动机，其螺旋桨桨叶的长度较大，介于直升机的旋翼和普通螺旋桨桨叶之间。该机可像直升机一样垂直起降，也可采用比较经济的短距起飞方式离陆。它对起降场地的要求不高，所需的跑道长度不大，完全可以作为航空母舰的舰载运输机使用。在空中飞行时，V-44 与一般的固定翼飞机没什么两样，但是其气动效率要比普通的军用直升机高得多，不但飞行速度快、有效载重量大，而且航程也较远。

图 132

西班牙 C-295 运输机

西班牙航空制造股份有限公司 (CASA) 研制的 C-295（图 133），是一种比较适合中小国家使用的双发轻型战术运输机。与意大利研制的 C-27 属于同一档次的运输机，其飞行性能略优于 C-27。它的机身比较细长 (货舱的最大宽度为 2.70 米，最大高度 1.90 米)，装载较大尺寸的货物时会受到一定的限制。

C-295 轻型运输机的原型机于 1998 年进行了首次试飞。1999 年 11 月取得适航证和军用合格证，2000 年 1 月开始交付使用。

该机采用上单翼后尾式气动布局和后开舱门式设计。飞机的翼展为 25.81 米，机长 24.45 米，机高 8.15 米。货舱长 15.73 米，最大宽度 2.7 米，

图 133

最大高度 1.9 米。其动力装置为两台普·惠公司生产的 PW–127G 涡轮螺旋桨发动机，单台发动机的输出功率达 2645 轴马力。发动机采用的螺旋桨为汉密尔顿标准公司制造的 RF–568F–5 型螺旋桨。

C-295 的最大起飞重量为 23 200 千克，最大载重 9700 千克，最大巡航速度 480 千米/小时，实用升限 7600 米，起飞滑跑距离 800 米，着陆滑跑距离 500 米，最大燃油航程 4500 千米，满载航程 1350 千米。

Part 5
作战支援飞机

　　作战支援飞机是为歼击机、强击机、轰炸机等作战飞机提供各种技术支援的飞机，包括侦察机、预警机、空中加油机、电子对抗飞机、教练机和无人驾驶飞机、反潜巡逻机等。

　　侦察机是专门用于从空中获得情报的军用飞机。按任务范围分为战术和战略两类侦察机。预警机适用于搜索、监视空中或海上目标，并指挥引导己方飞机执行作战任务的飞机。空中加油机是专门给飞行中的飞机或是直升机补加燃料的飞机，可加大作战飞机的航程和提高其作战能力。电子对抗飞机是专门用于对抗敌方雷达、无线电通信和电子制导等系统，实施电子侦察、电子干扰或攻击的作战飞机的总称。教练机是专门用于训练飞行人员的飞机。反潜巡逻机是主要用于海上巡逻和反潜的海军飞机。

概　述

作战支援飞机是为战斗机、轰炸机等作战飞机提供各种技术支援的飞机，作战支援飞行包括侦察机、预警飞机、电子对抗飞机、空中加油机、教练机和无人驾驶飞机等。

图 134

侦察机（图 134）是专门用于从空中获得情报的军用飞机。按任务范围分为战术侦察机和战略侦察机两类。战术侦察机由战斗机改装而成，战略侦察机是为获取战略情报而专门设计的。侦察机载有航空照相机、微波成像、侧视雷达和电视、红外侦察等设备，主要进行成像侦察。侦察机一般不装备武器弹药。因此，侦察机的飞行高度和速度都大大超过其他种类的飞机。美制 SR71 高空高速战略侦察机的飞行侦察高度可达 25 万米，最大飞行速度为音速的 3.2 倍。

预警飞机（图 135）是用于搜索、监视空中或海上目标，并指挥引导己方飞机进行作战任务的飞机。通常由运输机加装预警雷达、情报处理、指挥控制、通信导航、电子战等设备改装而成。具有良好的探测低空、超低空目标的性能和便于机动等特点，可以同时搜索、跟踪方圆数百千米的大小目标。在海湾战争中以美制 E-3 为首的预警飞机保证了多国部队 11 万架次飞机的飞行和作战，万无一失，

图 135

从而显示了预警机的巨大作用。

空中加油机如同空中加油站，专门给飞行中的飞机补加燃料，以便加大作战飞机的航程和提高其作战能力，空中加油机一般由大型运输机和轰炸机改装而成。是各国空军远程作战的必备的支援机。美制 KCl0A 加油机可在空中输油 90.7 吨。

电子对抗飞机（图 136）是专门用于对抗敌方雷达通讯和电子制导等系统，实施电子侦察、电子干扰的飞机的总称。通常用其他军用机改装而成。可分为电子侦察机、电子干扰机和反雷达飞机。电子侦察机可侦察敌方雷达、通信等性能参数和数据。电子干扰机和反雷达飞机是在电子侦察机的基础上实施强烈干扰，造成敌方雷达瘫痪、通信中断、制导武器失灵，或者使用反雷达导弹摧毁敌方电子系统和雷达系统，从而保证己方作战飞机的安全。

教练机是专门用于训练飞行人员的飞机。其座舱内安装有两套供教练员和学员学习、使用的座椅及联防发动操纵机构。一般由轰炸机或运输机配用训练专用技术设备改装而成，可分为初级训练教练机、基本训练教练机和高级训练教练机。新一代教练机多为亚音速飞机，多用途，兼备有对敌攻击能力。

第五章　作战支援飞机

图 136

无人驾驶飞机是不载人通过遥控或自控设备操纵的飞机。通常用作靶机和电子干扰、高空侦察等。可分为无线电遥控、自动程序控制和综合控制 3 种类型。无人驾驶飞机是采用空中投放和地面起飞，还可回收使用。

美国 T-28A "特洛伊人" 教练机

　　T-28A（图 137）是美国空、海军曾大量使用的螺桨式初、中级教练机。1949 年 9 月 26 日首次试飞，各型机共生产约 2000 架。使用的有墨西哥、菲律宾、韩国和中国台湾等 10 多个国家和地区。该机由美国北美航空股份有限公司研制生产。

　　该机座舱布局为串列双座，动力装置为 1 台 R-1300-1A 活塞发动机，功率为 588 千瓦。最大平飞速度为 455 千米 / 小时（高度 1800 米），最大

图 137

巡航速度为 306 千米 / 小时，最大爬升率为 570 米 / 分（海平面），实用升限为 8845 米，转场航程为 1700 千米。

装备机枪吊舱、火箭发射器、炸弹等。翼展为 12.22 米，机长为 9.76 米，机高为 3.86 米，最大起飞重量为 3385 千克。

美国 T-33A "流星" 教练机

T-33A（图 138）是一种在 F-80 战斗机基础上发展起来的喷气式高级教练机。1948 年 3 月首次试飞，同年开始批量生产，1959 年停产，共生产约 5700 架。主要型别有 T-33、AT-33B、TV-2(海军型)、RT-33A(单座照相侦察型)。由美国洛克希德飞机公司研制。

该机机载乘员 2 人。动力装置为 1 台 J-33-A-35 涡轮喷气发动机，推力为加 20.45 千牛。翼展为 11.85 米，机长为 11.48 米，机高为 3.55 米，最大起飞重量为 5900 千克。

图 138

最大平飞速度为874千米/小时,最大爬升率为1808米/分,实用升限为14 480米,转场航程为2165千米,续航时间为3小时7分。起飞滑跑距离为780米,着陆滑跑距离为1061米。装备有2挺12.7毫米M-3机枪,射速为1200发/分。

苏联雅克-52教练机

雅克-52教练机(图139)是苏联军队三级训练体制中的筛选/初级教练机,由苏联雅克福列夫设计局研制。1976年首次试飞,1980年开始批量生产。

图139

该教练机的座舱布局为串列双座,动力装置为1台M-14 Ⅱ活塞发动机,功率为264.6千瓦。

翼展为9.30米,机长为7.75米,机高为2.70米,最大起飞重量为1290千克。最大平飞速度为300千米/小时(高度500米),最大巡航速度为270千米/小时(高度1000米),经济巡航速度为190千米/小时(高度1000米),最大爬升率为420米/分(海平面),实用升限为4000米(不带氧气)/6000米(带氧气)。转场航程为550千米,续航时间为2小时50分。起飞滑跑距离为170米,着陆滑跑距离为300米。雅克-52最显著的特点是备有一个容量为5.5升的倒飞油箱,可在飞机倒飞期间向发动机提供燃油。

美国 T-38A "禽爪" 教练机

T-38A "禽爪" 教练机（图 140）是一种超声速高级教练机，1959 年 4 月首次试飞，1961 年 3 月生产型交付使用。该型飞机已于 1972 年 1 月停产。由美国诺斯罗普公司设计制造。

T-38A 停产之前始终保持美国空军超声速飞机最好的安全记录。1971 年 T-38 事故率为 1.2 次 /10 万飞行小时，而整个美国空军为 2.5 次 /10 万飞行小时。到 1971 年底，T-38A 共飞行了 370 万小时，多数是由未毕业的学员飞行的。

图 140

该机机载乘员 2 人。动力装置是 2 台通用电气公司生产的 J85-GE-5 涡轮喷气发动机，发动机单台推力 12 千牛，加力推力 17.13 千牛。

该机翼展 7.70 米，机长 14.13 米，机高 3.29 米，机翼面积为 15.80 平方米。其最大起飞重量为 5900 千克，载油量为 2206 升，最大速度时马赫数为 1.3(高度为 11 000 米)，巡航时马赫数为 0.95，最大航程为 1780 千米 (最大燃油，20 分钟余油)。该机实用升限为 16 335 米 (50% 燃油)，海平面最大爬升率为 9145 米 / 分。其滑跑距离起飞为 756 米，着落为 930 米。

T-38A 教练机的座舱是增压空调座舱，内有两个串列的乘员弹射座椅，中间用风挡隔开。座舱盖向后开启，单独手动。前面为学员座椅，后面为教练员座椅。后面的教练员座椅比学员座椅高 0.25 米，以改进飞机向前的视界，便于教练员指导学员处置意外情况。

巴西 EMB-312 "巨嘴鸟" 教练机

该机为初级教练机，由巴西肖特兄弟股份有限公司 / 巴西航空工业公司研制（图 141）。原型机于 1982 年 8 月首次试飞，1983 年 9 月开始交付使用，到 1990 年共生产 400 多架。除装备巴西空军外，还出口埃及、洪都拉斯、委内瑞拉、秘鲁、阿根廷、葡萄牙、伊朗等国家。

图 141

该机机载乘员 2 人。动力装置为 1 台 PT6A-25C 涡轮螺旋桨发动机，功率为 558.6 千瓦，驱动一副 IIC-B3TN-3C/T10178-8R 三叶恒速全顺桨可逆桨螺桨。

该机翼展为 11.14 米，机长为 9.86 米，机高为 3.40 米，螺桨直径为 2.36 米，最大起飞重量为 2550 千克。最大平飞速度为 448 千米 / 小时（高度 3050 米），最大巡航速度为 411 千米 / 小时（高度 3050 米），最大爬升率为 678 米 / 分（海平面），实用升限为 9145 米，转场航程为 3330 千米（翼下带副油箱）。起飞滑跑距离为 380 米，着陆滑跑距离为 370 米。

翼下有 4 个外挂点，可挂 2 个 GB100-20-36B-7.6 毫米机枪吊舱，4 颗 MK76 教练弹或 4 颗 MK81 普通炸弹或 4 个 LM-37/7A 火箭发射巢。特种设备主要有 VIR-314 甚高频全向信标 / 盲目着陆系统 / 指点信标接收机，一台 TDR-90 空中交通管制应答机。

中国初教 –6 教练机

初教 –6（图 142）是中国南昌飞机制造公司研制的串列双座初级教练机。1957 年 7 月开始设计，1958 年 8 月 27 日原型机首次试飞，1962 年 3 月定型投入生产，除中国空军使用外，还向国外出口。该机低速性能及操纵稳定性好，适用于新飞行员训练。至 1985 年年底，共生产了 1700 多架初教 –6，主要型别有：初教 –6 原型机、初教 –6 生产型、初教 –6 甲型、初教 –6 乙型、改型农用的"海燕"等。

图 142

初教 –6 动力装置为 1 台气冷 9 缸活塞发动机，起飞功率 191.2 千瓦，额定功率 161.8 千瓦，后期生产型装活塞 9 甲发动机，额定功率 198.5 千瓦，装"奋发"–530 自动变距双叶全金属螺旋桨。主要机载设备有超短波电台等无线电设备。

翼展（包括翼尖灯）10.22 米，机长 8.46 米，机高（停机状态）2.94 米，机翼面积 17.00 平方米，主轮距 2.87 米，前主轮距 2.28 米。空重 1095 千克，最大起飞重量 1400 千克，机内载油量 110 千克。最大平飞速度 287 千米 /小时（海平面），巡航速度 170 千米 / 小时（高度 6000 米），最大爬升率（海平面）5 米 / 秒，实用升限 5200 米，爬升时间 16 分钟（0 ~ 3000 米），最大航程 640 千米，续航时间 3.6 小时，起飞滑跑距离 280 米（水泥跑道），着陆滑跑距离 350 米（水泥跑道）。

中国歼教 –6 教练机

　　歼教 –6（图 143）是中国沈阳飞机公司在歼 –6 基础上改型设计的超声速教练机，主要用于培训歼 –6 飞机的飞行员或执行其他双座飞行任务。

　　歼教 –6 于 1966 年开始研制，1970 年首次试飞，1973 年 12 月定型并投入生产，到 1986 年共生产 634 架。动力装置为 2 台 WP-6 喷气发动机，单台加力推力为 31.9 千牛，最大推力为 25.5 千牛。翼展 90 米，机长 (不计空速管)12.915 米，机高 3.885 米，机翼面积 25 平方米，机翼后掠角 (25% 翼弦处)55°，主轮距 4.159 米，前主轮距 4.398 米。

　　空重 5625 千克，正常起飞重量 7420 千克 (最大 8932 千克)，机内载油 1570 千克，外挂油量 2748 千克。最大平飞速度 1320 千米 / 小时 (高度 5000 米)，巡航速度 800 千米 / 小时 (高度 12 000 米)，实用升限 16 000 米，

图 143

最大爬升率 115 米 / 秒（高度 5000 米），续航时间 1 小时（机内燃油），起飞滑跑距离 750 米（加力），着陆滑跑距离 934 米（放减速伞）。

　　主要机载设备有一套机内通话器，机头罩右上方装有航空照像枪、全罗盘、信标机及无线电高度表。武器装备为机身上的一门航炮，机翼外伸梁上可挂一对火箭发射器。

中国 K-8 教练机

　　K-8 教练机（图 144）是我国与巴勒斯坦联合研制的新型中、高级教练机，由南昌飞机制造厂生产。该机可完成起落、空域特技、航行编队、仪表飞行、夜航、螺旋飞行等训练科目，而且可以执行武器使用训练任务。

　　K-8 于 1991 年首次试飞成功。最大平飞速度为 800 千米 / 小时，升限 13 600 米，最大航程 2300 千米，最大起飞重量 4400 千克。K-8 可安装机炮吊舱，再通过增加挂点，就可以挂炸弹或火箭弹巢等武器。座舱内安装有计算机控制的瞄准系统。

图 144

　　K-8 装有先进的飞行仪表，通过大气计算机收集数据，显示屏上将显示出飞机的高度、速度、飞行姿态、航向等参数。K-8 还安装有盲降系统（仪表着陆系统），可以帮助飞行员在复杂的气象条件下着陆。根据不同的要求，K-8 还可选装电台、GPS 导航系统等。K-8 的主要特点是油耗低、寿命长、安全可靠、噪声小、可维护性高、后勤保障人员少等。

中国歼教 –7 教练机

　　歼教 –7（图 145）是我国一种超声速高级战斗 / 教练机，主要用于歼 –7、歼 –8 飞机的配套训练，兼有空战和对地攻击能力。除在国内使用外，还向国外出口。1985 年首次试飞，1987 年定型。由中国贵州飞机公司研制。

图 145

　　歼教 –7 座舱布局为串列双座式，动力装置为 1 台 WP-7B 或 WP-7BM 涡轮喷气发动机，最大推力为 43 千牛，加力推力为 60 千牛。最大速度时马赫数为 2.05，实用升限为 17 400 米，爬升率为 9780 米 / 分，最大航程为 1300 千米。

　　主要武器装备有 1 门机炮，翼下可挂导弹、火箭弹及航空炸弹。特种设备主要有 226 测距雷达、SM-8AE 瞄准具、C13 电台、BDP-4B 水平仪和 L2-2- Ⅱ 组合式罗盘。翼展为 7.15 米，机长为 13.94 米，机高为 4.10 米，最大起飞重量为 8600 千克。

美国"火蜂"—I 无人机

"火蜂"—I（图146）是一种亚声速无人驾驶飞机，除用作美国陆、海、空三军通用的靶机外，还改型用于侦察、监视、电子战、对地攻击、飞行试验和研究等任务。由美国特里达因·瑞安飞机公司研制。"火蜂"—I无人驾驶飞机是世界上生产数量最多的无人机，除供美国陆、海、空军使用外，还大量向其他国家出口。至1986年1月，"火蜂"—I各型共生产6411架。

图146

该机1951年原型机试飞，1953年交付使用。主要型别有10多种，典型型别是Q–2C，后来美三军使用或向国外提供的型别大多在此基础上发展而来。

动力装置为1台歼–69–T–41A涡轮喷气发动机，推力8.54千牛，翼展3.93米，机长6.98米，总重934千克，最大速度1176千米/小时（高度15 240米），最大巡航速度1015千米/小时（高度15 240米、重量816千克），使用高度范围6～18 300米，最大航程1282千米。

该机可用助推火箭在地面或舰船上发射架发射，也可用C–130运输机带到空中投放。用降落伞回收，用无线电指令进行制导和控制。遥控系统由AN/DRW–29接收机、继电器和天线组成，重约5.1千克，遥测系统由遥测发射机、发射天线、控制盒、传感器4部分组成，重约11.6千克。

中国 D-2 无人机

D-2（图 147）是中国西北工业大学研制的低空低速小型遥控靶机。其特点是体积小、重量轻，操纵简便、使用经济。该机用普通汽车汽

图 147

油作燃料，主要用作中小型高炮射击训练。1966 年开始研制，1968 年首次试飞，1970 年批量生产，已生产数千架。

D-2 动力装置为 1 台 HS-280 四缸二行程气冷活塞发动机，额定功率 10.3 千瓦，木质双叶定距螺旋桨，直径 0.67 米。助推火箭推力 1.47 千牛。翼展 2.70 米，机长 2.54 米，机高 0.77 米。起飞重量 55 千克，最大载重 5 千克，燃油重量 6 千克。最大平飞速度 240 千米/小时，最大使用升限 3500 米，低空飞行高度 200 米，续航时间 50 分钟，无线电控制半径 20 千米。

D-2 借助火箭助推器在轻便发射架上零长发射起飞，被推到 30 米高度后，火箭自动脱落，飞机靠本身发动机继续爬升。在 20 千米的范围内，操作员可操纵飞机作等高直线飞行、爬升和俯冲及左右盘旋等机动动作，还可控制发动机功率、拖靶的施放与切断及转向程序控制与打开回收系统等。飞机用降落伞回收，飞机腹部装有滑橇减震系统和触地抛伞开关，防止飞机在有风时被张开的伞所拖坏。

美国 F-4G "野鼬鼠" 电子战飞机

F-4G "野鼬鼠"飞机（图 148）是在美国麦道 F-4E 战斗机基础上为美国空军改装的防空压制飞机，主要用于压制敌方防空系统，干扰并摧毁敌方防空导弹、雷达，为攻击飞机开出一条安全通道。

该机 1976 年首次试飞，1978 年开始装备部队。共改装了 116 架。动力装置为 2 台通用电气公司生产的 179-GE-17 涡轮喷气发动机，单台最大推动力 52.77 千牛。

该机翼展 11.77 米，机长 19.20 米。最大起飞重量 28 030 千克，最大平飞速度马赫数在 2 以上，实用升限 16 580

图 148

米，作战半径约 1200 千米，转场航程 3184 千米。

机载设备主要包括 AN/AIR-38 雷达寻的与告警系统，AN/ALQ-131 干扰吊舱，AN/ALE-40 箔条 / 光弹投入系统，以及通信导航设备。可携带的武器包括 AGM-45 "百舌鸟"、AGM-65 "幼畜"、AGM-78 "标准"和 AGM-88 "哈姆"反辐射导弹，AIM-7F "麻雀"和 AIM-9L "响尾蛇"空空导弹。

F-4G "野鼬鼠"电子战飞机的主要特点是对敌方防空雷达具有软硬杀伤双重能力，既能干扰又能对其实施打击。速度快，航程远，载弹种类多，武器先进，既带反辐射导弹，又带空空导弹，通常单独执行任务。

美国 ES-3A "影子" 电子战飞机

  ES-3A（图 149）是一种舰载双发电子战飞机，由美国洛克希德·马丁公司研制生产，用来取代美国海军的 EA-3B "天空战士"，专门用于监测敌方的电磁通信。

  基于 S-3 "北欧海盗" 的机身，ES-3A 加装了最先进的航空电子设备 ELJNT，包括 GPS 导航系统，全频谱 RF 接收器，DF 设备和被动纪录侦测传感器。而 S-3 的雷达、红外雷达、电子战舱、电子导航设备都被保存了下来。

  该机于 1992 年开始装备部队，目前 ES-3A 共有 16 架，分别在两个中队服役。机载乘员 4 人。动力装置为 2 台通用电气 TF34-GE-2 涡轮风扇发动机，单台推力 41.23 千牛。

  该机翼展 20.93 米，机长 16.26 米，机高 6.93 米。空载重量 15 422 千克，

图 149

最大起飞重量 23 832 千克，实用升限 10 363 千米。最大平飞速度 814 千米 / 小时，最大航程为 5560 千米。

美国 EA-6B "徘徊者" 电子战飞机

EA-6B（图 150）是在 A-6 攻击机的基础上发展的一种舰载电子战飞机，绰号"徘徊者"。在布局和结构上，EA-6B 与它的原型 A-6B 差别不大，仍采用悬臂式中单翼、金属半硬壳机身、倒 T 形尾翼和前三点式起落架。第一架飞机于 1968 年 5 月首次试飞，1971 年 1 月开始交付部队使用，由美国格鲁曼公司研制生产。

该机机载乘员 4 人，其中 1 名驾驶员，3 名电子对抗操作人员。飞机可载电子对抗设备达 4000 千克，主要有各种干扰机、综合接收机、干扰丝投入器等。在机载设备方面，EA-6B 装

图 150

有诺顿公司 AN/SPQ-148 实时显示多功能雷达，可以提供实时地图显示，对固定和活动目标进行搜索和测距，实行离地等高飞行或地形跟踪等。此外，在垂直尾翼顶端装有一个体积很大的电子设备天线。

EA-6B 最大起飞重量 26 580 千克，最大平飞速度 1037 千米 / 小时。该机主要特点是战术运用比较灵活，既可实施伴随护航干扰，又可实施远程护航干扰。机身较小，多采取外挂干扰吊舱形式，外挂总重可达 2155 千克，干扰效果好，作用范围大。

美国 E-1B "跟踪者" 预警机

世界上最早研制和装备预警机的是美国海军。1945 年底，第二次世界大战刚刚结束，美国就开始了对预警机的论证研究，并决定把较先进的警戒雷达搬到 TBC-3W 飞机上。时隔不久，美国就将 C-1A 运输机改装成 XTF-IW 型早期警戒机，后来又对 XTF-1W 进行改进，安装了新型的电子设备，并于 1958 年 3 月 3 日首次试飞成功，定名为 E-1B "跟踪者" 舰载预警机（图 151）。该型号的预警机于 1960 年 1 月 20 日交付美国海军，并装备部队。

E-1B 是世界上首架实用型的舰载预警机，也是一个初级的空中作战

图 151

情报指挥中心。E-1B 能够及时探测到海面舰只和空中目标，并可进行反潜搜索，指挥和引导己方战斗机，准确无误地攻击目标。

"跟踪者"舰载预警机，是一种双发小型预警机，飞行总重只有 11 吨。机身长为 13.8 米，而椭圆形伞状的巨型雷达天线，占身长的 4/5，长 9.7 米，宽 6.1 米，高出机身 1.5 米。该机还装有通信设备、敌我识别器、定向仪、无线电指挥仪。其雷达的搜索距离约 200 千米，并有测定舰船和飞机方位的能力。

苏联伊尔-76"中坚"预警机

伊尔-76 空中预警机（图 152）是原苏军用伊尔-76 民航机加装有下视能力空中预警雷达的空中预警和控制机，由苏联伊留申设计局研制。伊尔-76 的最突出的特点是具备自动控制战斗机的能力，能同时指挥 12 架战斗机作战。

该机于 20 世纪 70 年代末开始研制，1978 年首次试飞，1984 年底装备部队。机载乘员 3～5 人。动力装置为 4 台涡轮风扇发动机，单台最大推动力 120 千牛。该机翼展 50.5 米，机长 46.59 米，最大起飞总重量 170 000 千克，最大平飞速度 800 千米/小时，巡航速

图 152

度 760 千米/小时，实用升限 11 000 米，执勤持续时间 6～12 小时。

其雷达天线罩位于机翼后缘处的机身上部（雷达探测距离 400～600 千米），在飞机头部有空中加油受油管，头部整流罩内装有气象雷达，头锥下后方雷达罩内是地形测绘雷达，机翼上起的天线罩内为卫星天线，机身腹部前后两侧的天线罩内为电子对抗监视天线，垂尾

根部有辅助动力装置进气口，尾部有天线罩。

主要机载设备有脉冲多普勒雷达、敌我识别器、气象雷达、地形测绘雷达、电子战侦察系统、大气数据采样分析系统、卫星通信与多种无线电电台、数据链、有源电子对抗设备，惯性导航系统、近距导航系统等。翼尖有电子侦察舱，舱的外侧有大气采样口，用于监测核生化污染。

以色列"费尔康"预警机

"费尔康"预警机（图153）是一种采用相控阵体制雷达的新式预警机，所以与采用旋转天线进行机械扫描的 E–2 和 E–3 预警机上的雷达相比，有扫描速度快、扫描扇面大、灵活性强、反应速度快、可靠性好等优点。由以色列飞机工业公司设计制造。

图153

"费尔康"预警机于 20 世纪 80 年代开始研制，1993 年在法国举行的第 40 届巴黎国际航展上首次露面，并引起轰动。它采用了以色列埃尔塔电子分公司研制的 EL/2075L 波段有源相控阵雷达。该雷达可同时跟踪 100 个目标。在 9000 米高度，该雷达对战斗机大小的空中目标、舰船和直升机的探测距离分别为 370、400、180 千米。

"费尔康"由波音 707 改装而成，共装有三个共形有源相控阵天线。一个天线安装在机头，这使得它伸出个长长的大"鼻子"。另外两个天线安装在前机身两侧，每个天线整流罩各由三个平面组成，并与机身紧密相接，构成流线型外形，以减少对飞机气动力性能的影响。

除了天线之外，"费尔康"还装有收发组件、信号处理机、电子支援测量分系统、通信情报分系统、敌我识别系统和操作台等。"费尔康"优异的性能已引起世界各国，包括一些军事强国的极大兴趣，被认为是当时性能最优秀的预警机。

瑞典"萨伯"–340 预警机

瑞典"萨伯"–340 预警机（图 154）由"萨伯"–340B 双发涡桨支线运输机改型而成，由瑞典萨伯 – 斯康尼公司和美国的费尔柴尔德公司合作研制。

该机于 1994 年 1 月 17 日首次试飞。动力装置为 2 台 GECT7–5A2 涡桨发动机，单台功率 1293 千瓦。该机翼展 21.44 米，机长 19.71 米，机高 6.87 米，机翼面积 41.81 平方米。最大平飞速度 554 千米 / 小时，最大巡航速度 508

图 154

千米 / 小时。实用升限 7620 米，最大起飞重量 13 063 千克，航程 1480 千米，续航时间 7 ~ 9 小时。起飞滑跑距离 1220 米，着陆滑跑距离 1036 米。

飞机机背上装有瑞典埃里克森无线电设备公司研制的 PS890 "平衡木" 相控阵雷达，具有良好的海上监视与抗干扰能力。雷达水平视距 600 千米，下视观测 300 千米。瑞典空军将该机用于监视其领海、领空。

苏联图 –126 "苔藓" 预警机

图 –126（图 155）是以图 –114 型民航机为基础改装而成的，它是一种空中预警飞机，图 –126 于 1960 年开始设计，1962 年首次试飞，20 世纪 60 年代末交付使用。由苏联图波列夫设计局设计制造。

图 155

该机动力装置为 4 台 NR–12MV 涡轮螺旋桨发动机，单台最大功率 11 033 千瓦，各驱动一副直径 5.6 米的共轴反转螺旋桨。翼展 51.2 米，机长 55.2 米，雷达天线罩直径 11 米，雷达天线罩厚度 1.9 米。

最大起飞总重 170 000 千克。最大平飞速度 850 千米 / 小时，巡航速度 780 千米 / 小时，执勤巡航高度 6000 米，实用升限 11 000 米。执勤点离起飞机场 1000 千米时执勤持续时间 9 小时，执勤点离起飞机场 2000 千米时执勤持续时间 6 小时。

主要机载设备除预警雷达系统外有：SRO–2M 敌我识别器，SIRENA–3 护尾雷达，RSB–70/R–837 高频电台，R–831/RSIV–5 甚高频 / 超高频电台，ARL–5 数据链，有源、无源电子对抗设备，惯性导航系统、近距导航系统。

该机在机头加装了空中加油受油管，尾部装有腹鳍，机身上装载直径11米的旋转雷达天线罩。所用雷达采用延迟线固定目标对消技术，具有有限的下视能力，作用距离为370千米。

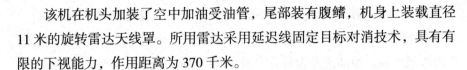

空中加油机

无论哪种类型的作战飞机，由于其配备的各种电子设备或武器系统占用了飞机的部分负荷能力，剩余的负荷能力只能装载有限的燃油，所以飞机的航程、作战半径（往返飞行加作战的耗油能达到的最远距离）是有限的，通常最远只几千千米。但是，美军的作战思想是能将其军事行动尽快投送到全球，这与军机有限的作战半径成了一对矛盾。为了解决这一问题，美国率先研制出空中加油飞机，可以在作战飞机长途奔袭作战的中途给作战飞机空中加油，使军机的作战半径得以延伸。如美国的KC-135"同温层油船"空中加油机、KC-10A"致远"空中加油机（图156）等，在美国袭击北非利比亚总统卡扎菲的"黄金峡谷行动"中，1999年袭击中国驻南联盟大使馆的行动中，都发挥了重要作用。"黄金峡谷行动"是从欧洲起飞的远程战略轰炸机，先向西飞出欧洲大陆，

图156

继而沿大西洋东岸南向，到地中海口东拐穿过直布罗陀海峡进入地中海，最后一直东飞直达北非的利比亚。这么远的航程，一次空中加油是不够的。轰炸中国驻南联盟大使馆的行动，是从美国本土的怀特空军基地起飞的B-2A隐身战略轰炸机，单程要经过一次空中加油而横越大西洋作战。

以KC-10A"致远"空中加油机为例，机载成员4人，翼展50.40米，

机长 55.35 米，最大供油量 90 270 千克，最大平飞速度 965 千米／小时，转场航程 18 507 千米。加油点数：1 个硬管或 3 个软管，即最多可同时给 3 架军机加油。加油速度为每分钟 5678 升，加油时的航速为 324～695 千米／小时，实用加油半径 1852 千米。这就是说，加油行动是在空中加油点附近最近的加油机机场上，调用加油进行空中加油的。如果世界各国都能禁止美国加油机进驻本国国土，美军通过空中加油的超远程作战就会大打折扣。所以，如果能打掉对方的加油机，则美军的超远程作战也就化为泡影。因此，加油点的选择和加油机的出动以及加油行动的保卫，都是高度机密的计划或行动。

电子战飞机

海湾战争打响的前三天，伊拉克的雷达屏上出现大面积的雪花亮点，根本看不清空中飞机；伊军通信电台接收机充斥着杂音，什么有用信号都收不到；至于导航台等设施也都处于不正常状态，为多国部队的进攻创造了良好的条件。这是什么原因造成的呢？原来美军动用了大量的电子战飞机，如海军的 EA-6B "徘徊者"、空军的 EF-111A 干扰飞机（图 157）和 EC-130H "罗盘呼叫"通信干扰飞机等，对伊拉克的军用电子设备实施强大的电子干扰，使其迷盲、失聪。电子战飞机就是专门执行这样一类作战任务的飞机。严格说来，电子侦察飞机如 BP-3E(与中国战机在南海上空相撞)、能发射反辐射导弹摧毁雷达的 F-4G "野鼬鼠"飞机也都属电子战飞机，因为它们都能通过电子信息技

图 157

术手段，侦察、阻止、破坏对方雷达、通信、导航一类电子设备的正常工作。不过，人们多数还是认为电子战飞机主要指 EA-6B、EF-111A 和 EC-130H 等能干扰敌电子设备正常工作的飞机。

EA-6B 不仅参加了 1991 年的海湾战争，而且参加了 1999 年的科索沃战争，它被美国军方继续改进，定为 21 世纪美国的主战电子战飞机。它既可以伴随战斗机、轰炸机飞行，在敌防空火力区持续发射干扰，保护战斗机、轰炸机，使其顺利完成作战任务并安全返回，又可在敌方防空火力外游弋飞行，实施远距离干扰，支援和保护作战飞机。EA-6B 有自卫火力（空空导弹）。在科索沃战争中，EA-6B 正是采用远距离保护方式支援美军对南联盟的空袭，使美国飞机伤亡几乎降为零。不过，被美军吹得神乎其神的 F-117B 隐身战斗机（图 158）被南军击落一架，击伤一架，美军在吸取教训时一板子打到 EA-6B 身上。他们并没有埋怨 EA-6B 本身作战性能和效能不济，而是批评 EA-6B 参战数目太少。美国空军的 EF-111A 电子干扰飞机，覆盖很宽的频段 (7 个频段)，在情报侦察与干扰发射之间的界面决策方面实现了自动化。该机根据侦察到的地面辐射源分布、威力、特性等情况，自动安排合理的干扰方案，即在需要干扰的方向发射功率适当

图 158

的干扰信号，用最小的投入完成一定任务。专业技术上称这种功能为干扰"功率自动管理"。它的缺点是：它在干扰保护空袭的作战飞机时，自身又需要别的飞机给予火力保护。

武装直升机

    1991年1月17日午夜过后，海湾战争中美国大批空中飞机编队由南进入伊拉克轰炸之前，为确保美军空中飞机编队安全突防，必须在严密的伊拉克防空网南部撕开一个口子，于是，这一任务就交给了武装直升机（图159）和隐身飞机F-117。美军第一特种作战联队的3架空军MH-53J"铺路激光"特种作战直升机，利用其夜视和微光夜视装置在前指路，引导9架陆军AH-64"阿帕奇"攻击直升机（由陆军配属给第101空中突击师），从沙特境内贴地往北飞入伊拉克南部。经过长时间的飞行，凌晨2时30分前后，它们找到了预定要摧毁的伊拉克防空预警网南部的两个预警雷达站。2时38分，AH-64直升机用"地狱火"导弹摧毁了这两个雷达站，从而拉开了海

图159

湾战争的序幕。此时，F-117隐身战斗机早已飞越该雷达站，于2时51分，在伊拉克南部一个防空截击指挥中心，投下了这场战争的第一颗炸弹，接着在伊拉克西部的一个防空作战中心投下第二颗炸弹。至此，伊拉克防空预警网被彻底撕开一个大口子。

    武装直升机是现代战争中暗夜出没的极其阴险的钢铁杀手，号称空中坦克。它既是地面坦克（图160）的克星，又是地面部队、海面舰艇的威胁。世界上还没有直升机时，谁也没有想到，一幅直升机的设计创意蓝图，竟

图 160

出自意大利著名画家达·芬奇之手。人们在这幅直升机创意图的启发下，于 1907 年设计制造出第一架直升机。20 世纪 50 年代初，法国人在与埃及等阿拉伯人的作战中，第一次将机枪搬上直升机参与作战，这便是世界上第一架武装直升机。20 世纪 60 年代的越南战争期间，美军曾策划用直升机深入越南北方腹地，营救美俘的计划和行动。如果不是越南人将美俘移走，这次行动应该是很圆满的。直升机发展到今天，能派上各种用场，是现代战争不可缺少的空中平台，也是一切作战必须考虑的重大因素。1999 年的科索沃战争中，美军起初以空袭的方式对南联盟进行疯狂的轰炸，但聪明的南军巧妙地与之周旋，击落美军的 F-117 隐身战斗机，打破了它不可战胜的神话，世界为之一震。美国人在无可奈何的情况下，一方面开始转而轰炸南联盟的交通与经济设施，使南联盟经济倒退 20 年。另一方面派遣"阿帕奇"武装直升机中队进驻南联盟的近邻阿尔巴尼亚，示意地面部队将介入，最后迫使南联盟领导人就范。

武装直升机发展至今，根据其执行任务性质的不同，大致分 4 类。

1. 攻击直升机（图 161）。是一种专门用于攻击地面（或低空）重要坚固目标的军用直升机。美军 AH-64"阿帕奇"攻击直升机在海湾战争中，

图 161

不仅撕开了伊拉克防空预警网的口子，而且在其后的作战中，摧毁了大量装甲目标，击落 13 架伊军直升机。美军 RAH-66 "科曼奇" 侦察 / 攻击直升机，采用大量复合材料，空重仅为 "阿帕奇" 的 2/3，它还采取了隐身措施，被美军称之为 "超级侦察员和凶猛的战斗员"。

2. 观测 / 侦察直升机。顾名思义，这类直升机上集成了各种观测与侦察器材，主要担负观测与侦察任务。如美军 OH-58D 在海湾战争中昼夜执行侦察任务，为地面部队指挥员、飞机和炮兵部队提供情报，发挥了极其重要的作用。

3. 运输直升机。海湾战争中，美军使用 UH-60A "黑鹰" 中型运输机和 CH-47D "支奴干" 重型运输直升机，把大量人员和装备机降至伊拉克纵深的幼发拉底河谷，设置阻击阵地，断掉伊军的退路。这是历史上最大的一次空运行动。为了在战地建立加油站与补充弹药站，支援纵深作战，以及执行远程救援等任务，主要动用了 CH-47D "支奴干" 重型运输直升机完成这类使命。例如地面作战开始的第一天就为地面部队运送了约 60 万升的燃料和大量弹药、食物和水，以及 M-19B 榴弹炮。

4.特种用途直升机（图162）。
美军EH-1H"易洛魁"电子战直升
机主要用于干扰敌通信机和雷达以
及红外设备。米-8加油直升机给坦
克、步兵战车、装甲车送油。MH-
53E(美)"超级种马"扫雷直升机用于
扫除机械水雷、音响水雷和磁性水雷。

图162

SH60B(美)"海鹰"反潜、反舰直升机除了执行反潜、反舰作战外，同
时执行后勤支援、搜索营救、医疗后送等任务。它是海湾战争中击毁伊
海军大量水面舰艇的功臣之一。武装直升机除了装备对地攻击导弹外，
也装备了"毒刺"、"西北风"、SA-14等空空导弹，以此对付敌方低
空威胁目标。

军用无人机

无人机（图163）(UAV)是无人驾驶飞机（或飞行器）的简称。有人驾
驶飞机诞生不久，无人机就诞生了。不过，由于技术的原因，早期的无人
机经常出现故障，所以没有引起人们的重视。早在20世纪60年代的越南
战场上，美军就出动无人机3000多架
次，完成照相侦察、战损评估、电子
窃听、电子干扰（含投撒干扰丝）、撒
布传单进行心理战等作战任务。由于
无人机体积小，可用非金属复合材料
制造，雷达也难以发现它，其损耗率
不到10%。

图163

1982 年在黎巴嫩的贝卡谷地发生的以色列与叙利亚的战斗中，以色列用自己研制生产的"侦察兵"(Scout) 无人机和"猛犬"(mastiff) 无人机支持作战，大获全胜。他们将无人机分成三类，完成各自的任务。一类装有电视摄像机，并将对地摄像的画面传回地面指挥所。一旦发现叙方萨姆导弹发射架，便派出第二类无人机，它们带有雷达反射器，在叙军搜索雷达屏幕上就像是进攻的空袭飞机，诱使叙军萨姆导弹雷达开机。此时，第三类无人机通过电子侦察接收萨姆导弹雷达发射的信号，进行分选后发到正在附近空中游弋的 E-2C 空中预警机和波音 707 数据处理飞机。这两架飞机的计算机计算出萨姆导弹的位置，并将数据发给后续攻击机发射反辐射导弹，或发给地面指示地地导弹发射，摧毁萨姆导弹发射架。就这样，以色列人摧毁了叙利亚设在贝卡谷地的 20 个导弹营中的 19 个，从而保证了以色列空军将叙方飞机击落 79 架、击伤 7 架，而己方只损失 1 架的辉煌战绩(以色列公布的数字)。

在 21 世纪初的第一场战争即美英袭击阿富汗的战争中，美军动用大量"捕食者"侦察兼作战的无人机和"全球鹰"无人机（图 164），在阿富汗战场从事各种侦察和作战行动，有力地支持了空袭作战。其中"捕食者"

图 164

无人机通过图像侦察并将图像通过卫星中继站发回美国本土的指挥所，捕捉到基地军事总负责人的行踪。在地面指挥人员的监控下，追踪其车队侦察，从其车队出发直到首都附近的某旅馆全程监视。美军打算在他们离开旅馆时打击他们。因为"捕食者"无人机携带的空对地精制导弹火力不足，美军又调了两架对地攻击机到现场。最后在他们开会后集中乘车离开时，向他们的车开火，将他们歼灭在现场。整个过程的跟踪侦察与打击中，"基地"武装分子毫无察觉。从阿富汗战场的情况看，无人机已由过去的纯侦察和指示目标发展到可以发射导弹的作战。它还可探测核、生、化武器攻击后的污染程度与范围。此外，它还可作为无线电通信的中继站、靶机和指挥平台等使用。

无人机虽然有那么多奇特的战场妙用，现在和未来战场上空无人机将进一步增多，但是，在不可预知的未来，它们还不可能完全替代有人作战飞机的工作。